30岁开始努力刚刚好

[日] 有川真由美——著

[日] 唯——绘

王蕾——译

中国原子能出版社 中国科学技术出版社

·北 京·

MANGA DE WAKARU 30 SAI KARA NOBIRU HITO, 30 SAI DE TOMARU HITO
Text copyright © 2022 by Mayumi ARIKAWA
Comic copyright © 2022 by Tadacchi
First original Japanese edition published by PHP Institute, Inc., Japan.
Simplified Chinese translation rights arranged with PHP Institute, Inc. through Shanghai
To-Asia Culture Co., Ltd.
北京市版权局著作权合同登记　图字：01-2023-2894。

图书在版编目（CIP）数据

30 岁开始努力刚刚好 /（日）有川真由美著；王蕾
译 . — 北京：中国原子能出版社：中国科学技术出版
社，2023.11
ISBN 978-7-5221-2943-3

Ⅰ . ① 3… Ⅱ . ① 有… ② 王… Ⅲ . ① 成功心理—通俗
读物 Ⅳ . ① B848.4-49

中国国家版本馆 CIP 数据核字（2023）第 161606 号

策划编辑	李　卫	**文字编辑**	安莎莎
责任编辑	付　凯	**版式设计**	蚂蚁设计
封面设计	创研设	**责任印制**	赵　明　李晓霖
责任校对	冯莲凤　邓雪梅		

出　　版	中国原子能出版社　中国科学技术出版社
发　　行	中国原子能出版社　中国科学技术出版社有限公司发行部
地　　址	北京市海淀区中关村南大街 16 号
邮　　编	100081
发行电话	010-62173865
传　　真	010-62173081
网　　址	http://www.cspbooks.com.cn

开　　本	787 mm×1092 mm　1/32
字　　数	79 千字
印　　张	5
版　　次	2023 年 11 月第 1 版
印　　次	2023 年 11 月第 1 次印刷
印　　刷	北京华联印刷有限公司
书　　号	ISBN 978-7-5221-2943-3
定　　价	59.00 元

　　"30岁以后，你想过什么样的生活呢？"

　　此刻正在翻阅本书的你，一定想舒心、悠闲、快乐地工作和生活吧？你一定想被公司、社会认可和需要，想充满自信、昂首挺胸地走自己的路吧？

　　30岁以后，我们积累了不少知识和经验，真正有了时间去体会工作和人生的乐趣与充实感，并且能够承载这些感受。

　　30岁的我们光芒万丈，40岁的我们成熟而强大。

　　在本书中，我想要强调的是，谁都可以拥有这样的人生。

　　然而，在30岁左右，"如何思考""如何选择""如何付诸行动"却成为能否拥有这种人生的巨大分水岭。

树木充分吸收自然界中的养分，才能结出丰硕的果实。人是否也可以如此，从人生中吸取各种精华，在30岁之后华丽蜕变为真正的成年人呢？还是在30岁就停止努力、裹足不前呢？

30岁左右是许多人的人生转折点。我们会站在各种十字路口烦恼、迷茫、不知所向，也会对未来感到不安、畏首畏尾。我们肩上的责任日益沉重，不再有人无条件地包容我们。我们貌似被逼到了绝境，无论是谁都会实际地开始考虑结婚与生育问题。

另外，我们会被周围的人寄予期望，很多机遇都发生在这个时期；我们还对人生有了一定的领悟，可以大胆地放手去干。于是，我们不断地面对人生发出灵魂拷问："嗨！你打算怎么做呢？"

当你读完本书，便会恍然大悟："原来，他是从30岁开始变优秀的呀。""这么做的话，30岁就不会停滞不前了。"

真心希望你能结合自身情况，享受与本书的对话。你应该可以真切地体会到，将书中内容内化，哪怕只将其中的一两项内容落实到行动中，一些事情也会变得不同。

人生并非一蹴而就，改变眼前的一项选择，也许你的人生剧本便会朝着意想不到的方向发展，发生好的转机。

在你的人生剧本中，你自己才是主人公，同时，制片人和编剧也都是你自己。为了尽最大努力活出"最好的自己"，请创作出最棒的剧本吧！

有川真由美

CONTENTS
目录

运气好的秘诀只有一个！

该如何选择呢？

嗯……

01

先抓住眼前的机遇

能实现自己的梦想，在职场上闪闪发光的人好厉害哦！

这样的人是从什么时候开始规划自己的人生的呢？

你可能会觉得意外，但我想说的是，几乎没有人可以完全按照制订好的计划直达梦想的彼岸。

Ohooooo!!

?!

他们只是抓住了眼前的机遇，然后顺势而为，全力以赴到了能去的地方。

抓住了一个又一个偶然的机遇。

"一创业便成功了。""被提拔为主管了。""事业、家庭双丰收。"

这或许就是我心目中一直描绘的理想未来吧？

通过对多位 30 岁之后更优秀的人进行采访，我意外地发现了一个事实：其中的大部分人并非先描绘梦想，再为之制订计划，接着孜孜不倦地努力实现它。

几乎没有人说："我一直热衷于这项工作，然后就梦想成真了！"他们常常会说："不知不觉就这样了。""只能这样了。""碰巧多亏了……""偶然发生了……"。因为这些意外的契机，他们才好不容易走到了今天；也可以说是他们抓住了机会，并受其指引得到的结果。

我也是这样的。我一直在问自己能做什么，并对眼前的事情全力以赴。感觉就像冥冥中被指引着一般，我自然而然便成了作家。

经常有人问我："您是从何时开始立志成为一名作家的？"坦白来讲，我并没有立什么志向，只是在从事这项工作之后，感受到了它的价值，并且做到得心应手，于是就想着"再进一步探索下去吧"。

本书多次提到了"30 岁之后更优秀的人"，读过之后你应该能明白，那些人并非一味地追求梦想，而是借着时代和大环境的东风，"暂且先这么办吧""下一步这样试试"，灵活地应对各种事物。

先尝试抓住眼前的机会，再顺势而为，全力以赴地去能去的地方。等下一波东风来临时，再抓住它……如果你也是这么做的，很快你就会发现，自己正在靠近那个曾经在内心深处隐隐希冀过的地方。

善于发现好机遇的眼光，并抓住能够借到东风的时机，这些都能大大左右你今后的人生。所谓"更优秀的人"，只是抓住了人人均等的机遇，并且顺势而为罢了。

要点 **顺势而为，等待下一个机遇。**

02 被需要比想要更重要

辞了工作，从事自由职业当然好，可是……

而且感觉前路坎坷……

如果没有客户怎么办？

很难抉择吧，非常理解你的苦恼。

暗自垂泪……

但是，你可以先喘息片刻，想想自己是为了谁而工作的。

是否只是为了自己，而完全没考虑他人的需求？

她看起来好开心哦！

为了自己。

为了自己。

工作是为了他人，

咚！

能让他人感到愉悦，且能帮助到对方，才会有所收获哦！

能让他人感到愉悦、能帮助到对方的工作才能有所收获。虽然从结果上来讲，获得收入、价值感和好评是为了自己，但如果不能先让他人感到愉悦，便不能称为"工作"。

我们将自己作为商品，进行着商业活动；而商业活动的本质便是"提供使人愉悦且有价值的东西"。

有自己喜欢的工作当然好。因为喜欢，所以工作起来得心应手，也更容易取得成绩。然而，当客户提出"现在不需要"或"想再要些其他产品"时，如果我们自以为是地坚持"我就想做这个"或"只能这么做"，那就无法开展商业活动了。要想在没有需求和只有潜在需求的地方创造出需求，就必须打造有吸引力的品牌。

以"他人的需求"而非"个人的需求"为中心，是商业活动能否顺利开展的关键，然后进一步思考自己能做什么。如果是自己擅长的，那么我们将创造出更高的价值；即使自己不会做，也可以努力学会。

时代、环境以及人的需求每时每刻都在发生变化。你只需根据实际情况随机应变，灵活地发挥所长即可。每个人都有自己的优势，工作不能以自我为中心单打独斗，我们必须要先考虑共事者，让对方开心才能有所收获。只要不忘记这个根本原则，谁都可以做好工作。

也就是说，"擅长"比"喜欢"更重要，"能做"比"想做"更重要。朝着被需要的方向努力，遇到的机会比仅靠自己寻找方向更多。事实上，朝着被需要的方向努力的人往往能变得更加优秀，而且大多取得了不错的成绩。

要点 做自己的管理者，思考提高自身价值的方法。

03

30 岁以后，这种人更『吃香』

干劲如火焰般熊熊燃烧！

必须火力全开！

终于，我也 30 岁了！

呜呜呜，好累啊……

呼哧呼哧……

等等，

30 岁以后，只一味地蛮干可不行啊。

可是……

我现在不是小孩子了，我输不起啊……

大家都会认为我应该成功吧？

累垮了身体，可就连本带利一场空了。

30 岁以后，要弄清楚对方最想要的是什么，才能把工作做好。

30 岁以后，要想变得更加优秀，就要成为你所处环境里的"被需要者"，这点非常重要。我坚信每个人都可以成为"能干的人"和"被需要者"。真的，每个人。

因此，你应该仔细观察周围的状况以及给你布置工作的人。不明白对方想要什么，你就无法找到正确的工作方法。比如，上司让你制作会议资料。根据与会者、会议目的、完成期限、详略情况等不同，资料的侧重点也不同。而且，布置工作的上司是什么样的人，也决定了你的应对方法。他注重效率还是正确性？希望资料内容深入浅出还是尽量翔实？是否需要在难懂的地方标注说明？

也就是说，抓住对方想要的重点就可以了。然而，过了30 岁，你应该明显感觉到工作伙伴或公司对自己的期待变高、要求变多了吧？因此，你的内心常常会感到惴惴不安："是不是没有满足公司的期待？""我这样干能行吗？"

没关系，一定有方法可以帮你经营好自己的"个体商店"。

被期待，才会有机遇。不要逃避，不要让它成为你的心理负担。主动张开双臂，果敢地迎接它吧！正是因为感受到了压力和不安，你才会成长。如果人们对你的期待变高，你可以主动磨炼为了满足期待的技能，创造出适合自己的方法。这样做你或许可以在其他方面作出贡献。

想用最好的东西回馈对自己有所期待的人和信赖自己的人，这种心态会帮助你在工作上取得成绩。你也会在被需要、被认可的过程中越来越绽放出美丽的光芒，并且日益成长。

要点 **用"更棒的自己"回馈信赖与期待。**

04

30岁以后，这种人更容易被机遇眷顾

机遇？我一次也没有遇到过。

机遇啊……

啊！

有些人经常遇到，有些人却很难遇到哦！

扑通扑通……

一味地等待机遇找上门的人，机遇是不会眷顾他的。

什么样的人容易被机遇眷顾呢？

想逃离单调的生活。

A先生

要不去学程序设计吧。

哦……明白机遇是什么了吧？

你想不想来系统管理科？

1年后

机遇喜欢眷顾行动派。

30 岁以后，要想变得更加优秀，我们必须抓住机遇。也许有人认为机遇充满了偶然性，但若你的心境不同，机遇也可以被你吸引到身边。

机遇有几个特点。第一个特点是，它喜欢眷顾那些拥有获取机遇的秉性和资质的人。比如，上司委派项目给你，是因为相信你具备担当此项目的能力。如果你暗中蓄力，做好了充分的准备，过不了多久，就会有人问你"想不想做这个"。也许连你自己都觉得不可思议，以 30 岁为转机，属于这个年龄的机遇就这么翩然而至了。

第二个特点是，机遇偏爱行动派。因为去追求了，所以被给予；因为寻找、探索了，所以寻见了；因为敲门了，所以有人给你开门。总之，因为行动，所以实现了。我们不能一味地等待给予。不去追求、不去行动，谁也得不到机会。

再贪心一点也没关系。"想做就是想做""想要就是想要"，将你的愿望告诉周围的人，行动起来吧！一定会有信息或人不断地被你吸引过来的。

第三个特点是，机遇稍纵即逝。比如，当有人问你"想不想试试这个职位"时，如果你不立刻应承下来，而是继续等待，那么机会是不会主动跑到你手里的。

30 岁左右是许多机会悄悄降临的时期。这个年龄段的人往往被公司和社会所期待，并且已经具备了与之相匹配的能力。在日常生活中"积蓄力量""勇敢去追求"，认定一件事便立刻投入进去，机遇女神难道会不青睐这样的人吗?

要点　　**不要轻言放弃认准的机遇。**

05 30岁以后，幸运更青睐这种人

有将「幸运」这两个字写在脸上的人吗？

有的有的！

不是有所谓的「幸运体质」吗，真心羡慕这种人啊！

其实，

成为一名幸运儿，是需要具备一些基本条件的。

那就是人见人爱。

无论是工作还是机遇，都好像是别人拱手相送的一样。

你是大家想共事的对象吗？你被机遇眷顾了吗？

为什么不眷顾我？

我心里明白，可是做不到啊……

　　30 岁以后，成为幸运儿需要具备一些基本条件。第一个也是最重要的一个条件是受欢迎的人品。你也许会觉得不解，很多人都没有意识到这个简单的道理，或者他们心里明白，却落实不到行动上。

　　我们生活在人情社会中。"我喜欢这个人""我想和他一起共事"，被如此评价的人容易被机遇眷顾。即便他的工作能力不是那么突出，但如果性格诚实纯朴，他也可以依靠周围人的支持让自己成长，并取得成绩。

　　工作实力由"工作能力"与"生存能力"两方面构成。工作也好，机遇也罢，都会有需要他人帮助的情况。要想在工作方面有所成就，除了工作能力，我们还必须拥有被人们喜爱、受欢迎的好人品。

　　也许有人会暗暗发牢骚："原来好人缘是与生俱来的啊。""我人缘很差。"其实好人缘并不需要什么特别的条件。只要想要，谁都可以拥有。

　　你只需珍惜身边的人，并积极认可他们的优点。因为每个人都喜欢认可自己的人。你对他人的好意会不可思议地被放大，并在不经意间从某处还给你。

第二个条件是要珍视自己。如果一味地忍耐，压抑自己，是无法对他人友善的。过于勉强自己会让自己丧失自信，活得非常痛苦。

最后一个条件是以积极、乐观、向上的态度对待生活。经常思考"自己擅长什么"，发自内心地信任自己，就一定可以拥有让周围的人认可的工作能力。受欢迎的人，自然会拥有好人缘、更多的信息及各种支持。

珍视自己和身边的人，积极向上地生活，便会被幸运青睐。

要点 想成为受欢迎的人，先要爱自己和身边的人。

06

努力喜欢上自己的工作

不爽……

工作好无聊啊！

啊……

那就想办法让自己爱上工作。

可是，我该怎么做呢？

努力工作，感受到自己在成长时，你就会感到开心了。

现在我感觉到自己在成长了……

为集体作贡献并得到他人认可。

你就会喜欢上工作了。

不知道怎么做才能被认可。

这样做如何？

比如，关注集体、他人的困难并帮助解决，就很好啊！

不好吧。

工作无外乎两种，以喜欢的事为工作或喜欢上自己的工作。即便是因为"偶然"或"只能做这个"而从事某项工作，深究其原因，也往往是因为喜欢。因为工作原本就是越努力越有趣的。

也有人想尝试一下所有喜欢的事情，所以不停地跳槽，结果发现并不存在真正的自由。我在旅行中遇到一些东南亚和非洲的女性便是如此。她们意志顽强、坚韧不拔。无论喜欢不喜欢、合适不合适、想做不想做，她们只是为了生存，对眼前的工作便可以做到全力以赴，并用自己的方法取得了成绩。

即便在经济发达的国家和地区，也会存在没有选择余地的时候，也会有人不想离开现在的位置。要想在目前所处的集体中喜欢上本职工作，找到提升自己的方法，需要从集体的立场出发，具备以下 5 个视角（经营者、自由职业者可以视社会为集体）。

（1）帮集体排忧解难（薄弱点）。

（2）帮集体将重点工作完成得更好（强化点）。

（3）帮集体考虑到未来需要做的事（未来）。

（4）做没人做的事（空隙）。

（5）帮集体弥补理想与现实的差距（差距）。

可以利用自己的优势和特长为集体作贡献，无论"工作能力强不强""有没有能力"，努力为集体作贡献的态度是最重要的。有了态度，实力自然会增强，成绩也会随之而来。如果能胜任，可自行推进，也可主动请缨，向集体申请任务。

30 岁以后，你不能只是被动地完成工作，而是必须拿出积极的态度对待工作。

要点 在现在的场所，思考提高自己的方法。

07

在努力克服困难时增强实力

啊?

好机会来了!

哎呀。

怎么办?这个项目我可拿不下来啊。

意味着获得了成长的机会。

接受有难度的任务,

30岁

30岁的你会不知不觉地变成职场精英哦!

技能

在不断地攻克一个又一个难题的过程中,

但是,在你攻克一个个难题的过程中,你的工作能力会大大提升。

显然是的。

是的哦!

加油!

你的意思是,处理完这个工作还有下一个?

在职场上，我们会被不断地委派工作，仿佛有人在考验你："嘿，该怎么做呢？"尤其是即将迈入 30 岁时，我们面对的不全是能轻松完成的工作，有时会因为责任重大而感到辛苦。这才是真正的工作。

如果上司觉得你很能干，下次会委派更重要的任务给你。如果你可以圆满解决，自然有更艰巨的任务等着你。在你攻克眼前的一个个难题时，不知不觉你的实力就增强了。30 岁左右时，你会发现自己收获很大。

人总要被逼一把才能激发斗志。话一旦说出口，连你自己都会惊讶于自己的行动力。相信自己可以取得某种成绩，会发现自己不知不觉已爱上了这份工作。

无论什么工作，没人一开始就会，也不可能一蹴而就。正因为挑战了超出自己能力范围的工作，你才能在将近 30 岁时具备职场精英的实力。不知不觉间，你会发现自己具备了很强的工作能力，并且拥有了个人魅力。

当然，去上课也好，考取资格证书也好，都不如你本身基础扎实，这样更容易在公司内得到新职位或跳槽成功。但这也不是必需的。如果基础不够扎实，只要你意识到具备这种能力的必要性，现学现用也不错。对工作全力以赴时，你会萌生出新的想法和对自己的要求，"这样做效果会更好""下次挑战一下这个吧""想拥有这种技能"等。为了将工作做得更好而设定更高的目标，不正是职场精英的气魄吗？

要点 努力克服困难，提升自己。

08 在简单和困难之间选择困难

左 从未走过的艰难的路。

应该走哪边呢？

嗯……

右 一如既往的简单的路。

走艰难的路，万一失败了怎么办？

老路比较好走，所以还是选择老路比较明智吧……

天啊！

真的比较明智吗？

嗯……

大多数人都会选择看起来好走的路。

30 岁以后更加优秀的人不会将轻松作为选择的理由。

果然如此。

虽然艰难，但很有趣，自身也可以得到成长，还是应该选这条路。

人生就是选择，不断地选择。"该往哪边走呢？""继续推进，还是放弃呢？"这样的选择题不停地冒出来，而我们跟随自己的心做了选择。所以，我们现在的状态就是自己选择的结果。

我采访过许多在 30 岁之后变得更加优秀的职场精英，他们的回答大多是"一定会选择较难的事"。当问他们这样选择的理由时，他们回答："因为很开心。大家都喜欢做简单的事，但我觉得，被人问会不会做时，回答'不会'很简单，但回答'会'则可以促使自己更加进步。"

30 岁以后更加优秀的人，始终以"挑战"的姿态对待工作。他们并非为了得到更高的薪水、更好的评价或未来的发展而感到开心，而是发自内心地感到开心，即想要这么做，并且乐在其中。发自内心地主动做，什么样的事都会变得有趣。但遗憾的是，有些人却畏畏缩缩，在 30 岁便止步不前了。他们尽量不去做难的事情，喜欢做简单轻松的事，但轻松的路没有任何挑战。选择了安逸道路的人大多想长期悠闲地工作，但做了几年后便会对未来感到不安，担心"这样下去真的行吗"？于是开始准备参加晋升考试、跳槽或考取资格证书。他们本身是有能力的，所以对现有工作的价值、考评、地位、薪资等感到乏味时，便会不开心，甚至感到无聊。所以，可以说"轻松"很快就来上门"讨债"了。

一些选择了艰难道路的人会觉得"只有我蒙受了损失""大家都在做简单的工作，好羡慕啊"。其实，这正是个人成长的好时机。虽然有时你会感到灰心气馁、无能为力，但同时也会进入一个豁然开朗的时期。选择艰难、改变的好处会在下一个 10 年体现出来，勇于挑战的精神也一定会得到回报。

要点　**试着慢慢挑战更难的事。**

09 在当下，变化比稳定好

为什么？

新人比我还值得信赖吗？

我明明已经为公司工作10多年了……

即使以前被夸赞「做得很好」，

但如果一直做同样的工作，上司也会习以为常了。

拍一拍

再好的电影，看多了也不那么感动了。

人也一样，总是一成不变的话，周围人对你的付出也就没那么感动了。

工作和人际关系都会发生变化，

一针见血！

唯有自己一成不变，这不是稳定，而是倒退。

许多人想要稳定的工作。可寻遍全世界，也找不到这样的好事。万物皆随时间变迁，这是世间常态。社会、公司、家庭、人际关系、事物价值、常识、工作方式、人的心境……没有事物是一成不变的。尤其是在飞速发展的现代社会，如果还停留在"在职即安稳"的层面，生活马上就会给你点儿"颜色"看看。

人常常对变化，即对未知世界感到恐惧。变化即冒险，前路未知。哪怕对自己当前的状态并不完全满意，但只要不是太差，人们往往都会选择"不变"。

但实际上，"不变"也很可怕。我时常强烈地感受到这种恐惧。工作也好，人际关系也好，长此以往，势必陷入程序化而遭人嫌弃。在 30 岁左右，即使只做重复性的工作，想要振奋精神、保持现状也并非易事。因为人只有对新鲜事物和感兴趣的事物才会充满能量，而对于习以为常的事物，热情是逐渐消减的。

无论什么事情，要想保持下去，都必须主动做出改变。稳定并非指甘于现状和依赖他人，而是需要根据实际情况灵活地变化，这样才能保持稳定感。30 岁以后，无所事事、故步自封都是一种退化。

　　成长、持续、稳定，都是基于变化而成立的。除了改变，我们别无选择。也许只有从精神上做好准备，早些确定目标，并勇敢地做出改变才是正道吧！

要点　　**做好持续变化的精神准备。**

10 与其消耗时间和金钱，不如投资未来

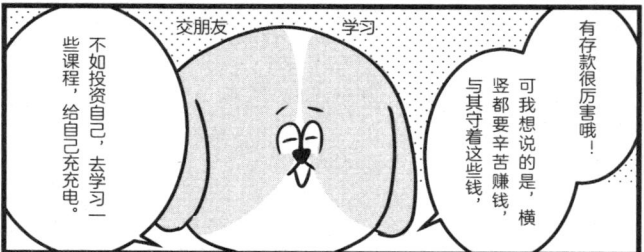

对未来感到不安，想存钱。

下班之后也好，周末也好，都待在家里，什么事也不想干。

到头来，我都干了些什么？

几年后……

收入几乎没变，没出去玩过，也没旅游过，只存了大约 5 万元……

有存款很厉害哦！

可我想说的是，横竖都要辛苦着赚钱，与其守着这些钱，

不如投资自己，去学习一些课程，给自己充充电。

交朋友　学习

提升自己的赚钱能力，保证自己将来能过得舒适，才能获得更高的收益哦！

你的投资一定会在下一个 10 年得到回报。

10000
10000

技能

曾经有一个20多岁的女合同工对我说："我的经济拮据，对未来感到不安，想存钱。"朋友建议她在网上做些有关外汇保证金交易（FX）的事。几年后，她意味深长地诉说道："到头来，我都干了些什么？收入几乎没变，没出去玩过，也没旅游过，只存了大约5万元……"

我想说的是，横竖都要辛苦赚钱，与其守着这些钱（当然存钱是很重要的），还不如走出去、动起来，赚钱、充电。积累了各种经验、人际关系、知识、特长后，你的赚钱能力很快就会变强了。

在现代社会，越来越多的人不只是因为"做不了正式员工"，还因为"有空的时候想干点儿活""想增强专业技能"等主动选择了劳务派遣员工或合同工等非正式员工的工作方式。

然而，要想拥有挑选工作的自主权，先要让自己成为那个可以被选择的人。为此，提升自己的赚钱能力，你才可以获得更高的收益。每个月花几个小时、几十元或几百元投资自己，你一定能在下一个10年获得回报。这个回报不只是收入等直观的东西，还有眼光、判断力、分析能力、维系人际关系的能力等，这些都会转化为你的生存能力。

一个人投资与不投资自己，到了四五十岁，差别会越来越明显。"想拜托您一件事情""想听听您的意见"，有能力作贡献的人，自然会有人或工作找上门。

只做那些人人都在做的事，30 岁以后的你就会陷入停滞状态。但如果往"没人做""不容易做"的方向努力，你的能力自然会提高。当你觉得很有学习的必要时，就算借钱也应该投资自己。如果工作太忙，没有学习时间，可以采取其他方式提高自己。

与其原地不动、担心失去，不如主动出击，多做能做的事。这样的人生不是会快乐很多吗？

要点 **将收入和一部分时间转化为对自己的投资。**

11 尝试是第一步

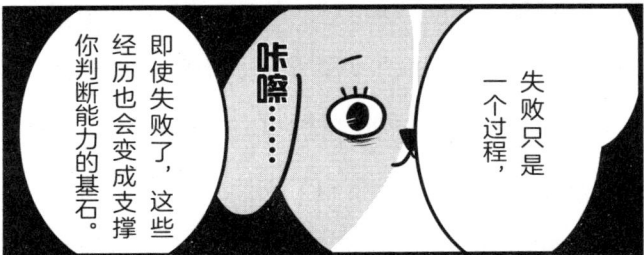

30 岁以后更加优秀的人啊……

都是在机遇来临时先抓住再说的人。

我知道，可是……

一想到可能惨败，我就瑟瑟发抖，觉得机会没那么容易抓住啊……

失败当然是有可能的，但是……

这个机会不错！先抓住再说吧！

如果总以为还有机会，则有可能错过眼前的机会。

失败只是一个过程，

咔嚓……

即使失败了，这些经历也会变成支撑你判断能力的基石。

有两种人，一种是"想好再做"，另一种是"边做边想"。前者乍一看做事很谨慎，实际上是胆小、怕麻烦，喜欢找借口，"因为……所以不行……"等。

经营一家通信贸易公司的 E 先生（46 岁）说："遇到机会就像冲浪一样，永远等着下一波浪花，结果往往会错过。我不是那种谨慎地等待浪花过来的人，来了一波浪花，就先乘上去再说。"30 岁时，他在工作上遇到了一波"大浪"。当时，公司的一种产品——瘦身咖啡销售非常火爆。公司甚至靠这款咖啡在市中心的最佳地段建了自己的办公楼。

貌似一切都很顺利。但是，当被他人问及他是否失败过时，他笑了："当然，我失败过很多次。比如商品生产过剩、库存积压等。这时不能只是想着这样下去不行，而应该行动起来，避免更大的损失，让公司安全脱险。说到底，失败只是一种过程。"

E 先生为此采取了许多措施，有的是预见到"做了可能会失败"，有的是凭直觉判断"应该这么做""不能这么做"。在反复尝试中，E 先生得到了成长。

没有亲自做过，就不会真正理解。亲自做过的事都会变成你洞察和判断事物的基石。30 岁以后更加优秀的人,其共同点在于行动迅速。当他们有想法但还没做时,不会有畏难情绪,一旦下定决心就能马上付诸实践。所以,当我们想尝试某项工作时就应该去尝试,想掌握某种技能时就应该去学,想去某个地方时就应该去,想见某个人时就应该去见。

只要想做,就是一个小小的机遇。试着抓住它,也许就会变成意想不到的大机遇。行动起来,更容易遇到机会。实际上,30 岁以后的人生机遇是由你自己创造和吸引来的。

要点 **瞻前顾后不如相信直觉。**

12

你的市场价值由周围环境决定

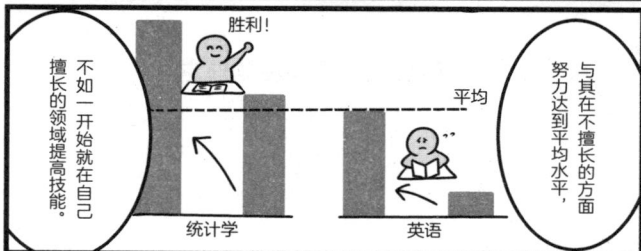

啊……我讨厌学英语……

再努力也没人认可……

所以，不想再努力了。

讨厌!

呃……

与其在不擅长的方面努力达到平均水平，

不如一开始就在自己擅长的领域提高技能。

胜利!

平均

统计学　　英语

你最受肯定的是哪方面呢？

超级努力地掌握了统计学的知识!

客观地审视自己，试着去努力吧!

　　成年人想要赚钱，了解自己的能力十分重要。你的职场价值不是由自己，而是由他人和社会决定的。因此，从他人和社会层面来看，意识到自己能力的高低很重要。

　　比如，自己的工作技能、经验、外表、沟通能力、人格魅力等处于什么水平，年龄（年轻程度）方面有无扣分项等。只看到自己的弱点当然是不行的，我们要承认它，然后靠自己的强项及独特风格去一决胜负即可。相较于拼命努力将自己不擅长的技能提高到平均水平，不如发扬和拓展自己的优点更容易提高别人对自己的认可度，自己也会比较开心。

　　个人收入由劳动市场决定，这是一个严峻的现实。市场会根据你的劳动内容和强度，用金钱明确地衡量出你的价值。

　　当然，这只是一部分，并不是对你的全部评价。如果你认同，暂且不谈；如果你不认同，就需要提高自己的工作技能、进一步增强自身价值，以便跳槽等。总之，必须靠自己做出改变。即使领取固定薪水的公司员工、劳务派遣员工，也要以经营"个体商店"的心态不断重新衡量自己的工作价值。

　　30岁以后更加优秀的人很了解自己的能力，绝不会在该努力的时候懈怠。他们的付出即使没有给自己带来更高的报酬，也会在无形中给自己带来诸多回报。例如，提高来自周围人对自己的评价和信赖度，为自己增加发言权、使工作更加容易开展或为自己争取更多的机会等。

30 岁便止步不前的人对自己没有客观的认知，他们不了解自己的工作能力和他人对自己的评价，只是盲目地工作。因此，他们被周围的人所疏远，更有甚者会被裁员。

"知己知彼，百战不殆"这句话适用于任何职场与商场。"周围环境对自己的要求是什么""自己能提供什么"，继续对自己提出这样的问题吧。

要点 如果想被周围的人认可，就要想想自己有哪些不足的地方。

13 要相信自己会有好运气

你怎么运气那么好啊……你是不是每天都做好事……

啊……

唉……

我平时并没有刻意地积德行善哦！

我运气好的诀窍只有一个！

那就是深信自己会有好运气！

我会有好运气，我会有好运气，我会有好运气，我会有好运气

没有任何理由，就是相信自己会走运哦！

与他人比较，认为自己运气差，又能怎样呢？

我就是运气不好……

好！

这样一定行！

坚信自己有好运，再加上努力，就会将好运吸引到自己身边来。

要想成为运气好的人，条件之一就是要深信自己会有好运气。正是这种没来由的自信，将不可能变成了可能。即使没有明确的理由，也要暗示自己"我可以的"。有了这种想法，你就拥有了足够的力量。然而，很多人却不是这样想的。明明毫不费力就能做到的事，他们也会担心"自己不行""不能顺利完成"。就像同时踩着油门和刹车，一边怀疑自己，一边又努力着，这样一来没人可以做好。

不知从何时起，我开始相信自己会有好运。最初是在聚会上抽中了旅游优惠券、手表，继而是钱包失而复得这样的小事。每当事情进展顺利时，我都会悄悄地对自己说"好幸运啊"。这样，抽奖时我就不会担心抽不中，找东西时也相信一定可以找到。不仅如此，就连竞争激烈的面试我也坚信自己可以通过，并且相信自己会邂逅好的工作机会或实现某个目标。

顺利的事情多了之后，即使遇上不顺的事，我也会认为"我一向运气很好，所以这次也不会有事的"，结果就真的克服了困难。原来一直想做却遥不可及的事，在不知不觉中我也能做到了。

无论什么工作，不断成长者与停滞不前者之间的差距就取决于如何看待自己和对未来的想象。想象力使你每天欢欣雀跃、不断进步。绝不能限制自己的想象力，让自己看扁自己，觉得自己不行。无论谁说什么，都不要让他的言行影响你的自信。这种对自己的信赖来自你平时的努力和经验的积累，这会为你招来更大的好运。

纵然有缺点、不成熟，那也是真实的自己。接纳自己，同时心怀美好希望，相信"我有我会做的事""有办法解决"，就可以继续前进。想象自己亲手将梦想变成现实的那一天，并把它当作理所当然。你只需勇往直前，很快就会有好事发生。

要点 即使是一件小事取得了成功，也悄悄地对自己说"我运气真好"。

14

了解自己的个性

30 岁以后,哪些人的状态最好?难道不是那些纯粹地悠然自得、开心生活的人吗?随心所欲地生活,拥有自己精神世界的人看起来真的很有魅力。

话虽如此,但自己真的很难理解自己。许多 30 多岁的人仍在摸索着自己的个性。比如,合适的衣服和恋人、喜欢的游戏、可心的生活方式等。生活在忙碌的现代社会,我们容易被周围所裹挟,忘记自己的感受从而委屈了自己。

所谓个性,就是先假设自己是什么样的,然后再去塑造这样的自己。也许我们终其一生也弄不明白个性是什么,它也并非是一成不变的。不管到了多少岁,我们都可以焕发出崭新的自己。平心静气地与自己对话,便可体会到此刻自己真实的本心,以及什么是令自己愉悦的、熟悉的事或令自己开心的、喜悦的事。如果我们可以在这样的感觉中坦然地生活下去,那真是太幸福了。

自我沟通非常重要。我们要时常问问自己"此刻心情如何""真正想做的是什么",将适合自己的东西挖掘出来。因为没有人比你对自己更感兴趣,更理解自己。我们应该充分了解自己的欲求与个性,还要调动和发挥自己的优点。请任由想象力纵横驰骋，活出最纯粹的自己吧！

如果你认为"我就这样了"，那你便会敷衍应付、甘于现状，不想采取任何对策。但想方设法地让自己开心比什么都重要。"开心"与"成长"是相辅相成的。"我想这样活""我想成为那个样子"，活法的根本在于自身。如果没了这个根本，那你就会被环境操控得失去自我。以自身为根本的同时，你也要灵活应对周围的变化。30 岁以后请允许自己任性。

要点 要善于取悦自己。

15

唯有自己能对自己的幸福负责

过了30岁，身边的人一个个都结婚了……

唉……

但我还想再拼几年事业，不想被人当作失败者……我该怎么办呢？

毕业10年后，大家基本上都已经适应社会了。

正因为对社会有了一定的了解，所以才迷茫自己该如何生存下去……

我特别理解这种心情，以身边的人为标准考量自己的幸福。

和那个人比，我……

可是……

30岁正是能否按照自己的个性生活的分水岭。

别人是别人，自己是自己。

胜败乃兵家常事。

咦？原来可以这么幸福啊。

人生而不同嘛！

及时改变心态才是最重要的！

30 岁左右时，你已经工作了数年，对社会有了一定程度的了解。然而，对于"自己该怎么做""该如何生存"你却不甚了解，也没有自信。在这个时期，许多人都会感到十分迷茫。因此，他们会十分在意周围人对自己的看法，也会以世俗意义上的成功与幸福婚姻、优秀的生存能力以及周围的人为标准。

然而，请仔细想想，谁可以使自己幸福？即使效仿普世的幸福观或他人的幸福，自己也不一定会幸福。每个人的生存方式不同，如果你总是一味地和周围及社会上的其他人做比较，就会被他们的价值观所局限，不能坦然地生活，迷惑和不安就会妨碍你成长。

但你也不能毫无根据地决定走哪条路。在如今这个时代，我们并非可以完全将工作与婚姻割裂开来对待。该如何做选择，在自己的内心深处自然会有答案。每当做选择时，你只需忠实地跟随自己的内心和感觉走即可。路并不是一开始就有的，走的人多了，便形成了各种各样的路。

30 岁左右，你会逐渐意识到唯有自己才能对自己的幸福负责。如果将自己的幸福交予别人评判，幸福绝对不会青睐于你。30岁以后变得更加优秀的人，并不在意与他人比较或周围人的评价，他们的心中有一把尺子，明白自己想成为什么样的人，想要什么，不想要什么。同时他们也尊重别人的衡量标准，不会将自己的价值观强加于人。

在某个时间点为走哪条路而烦恼的人，过了那个时间节点，也会觉得"我当时究竟在烦恼什么，为什么要那么烦恼呢"？无论哪种活法，都希望你坚信自己的选择是正确的，昂首挺胸地走自己的路。

要点 我就是我，不要和他人比较。

16

经验造就今后的人生

真想辞职啊……

唉……

我们公司真是哪都不行！

说归说，她们是不会辞职的。

啊？为什么？

因为现在这种和朋友发发公司牢骚的日子太舒服了。

除非遇到特殊情况，她们会一直待在现在的「舒适区」。

舒适区

怎样才能逃离「舒适区」呢？

应该在 20 多岁、30 多岁时，接触一流的事物，拓宽自己的视野。

嘿——

职场精英

每个人都有自己心理上的舒适区。例如，有些人经常加班到深夜，下班后时不时会和朋友去酒吧或咖啡厅发发牢骚。不管怎么说，这还是待在舒适区。目前的工作、居住环境、着装、住的酒店、休息日去的场所、恋人与伙伴……全部在舒适区范围内选择。如此说来，我们都是在自己感到舒适的范围内开展活动，变成了自己想要的样子。

如果想改变这个舒适区，我们应该尽量在 20 多岁到 30 多岁，多见识优秀的人和事，积累好的成功经验。尤其在接触了一流事物后，你的人生会被拓宽，且必将影响到你的下一个 10 年。去见识一流的酒店、料理、艺术等当然也是很好的人生体验，但最令人兴奋的难道不是接触一流的职场精英吗？

不只是自己所在领域的职场精英，还有其他各个领域的职场精英。见识了他们的高远志向、工作方法、思维方式，你便可以明白自己与他们的差距，获得向他们看齐的信念和勇气，也就拓宽了自身的可能性。

实际见识过的东西会在你的心中形成一种印象，并且会影响到现实。"拥有一份好工作""享受人生""维系良好的人际关系""拥有一份美好的恋情",这些印象也会在你的见闻、周围人对你的影响以及自己的经验中被导出。因此,仔细观察那些已经身处自己向往之地的人,试着去模仿他们优秀的地方即可。这些优点或可直接为我所用,或可融入自己的新想法和意见。

而且,这些经验会成为你的生存支柱。不只是成功的经验,失败、辛苦等看似不好的经验也一样。不经历便不会明白好与坏,你也不会了解别人的想法,便不具备看透事物本质的能力。若想成为成熟的大人,归根结底需要见识各种各样的事物,经历各种各样的事情。

要点 **积极向职场精英学习。**

17

失败是命运之神赐予的良机

又在工作中犯了大错……

NOOOO……

怎么办？

怎么补救啊？

那是我送你的礼物哦！

什么？

神

我才不需要这种礼物呢！

这是测试哦！

再来一次！

失败

如果弄明白这个问题，你可以获得一个无形的奖励。

神

如果能跨越失败，你就能极大地提升自己职场人的自信！

不要逃避，自己要做点儿什么。

优秀的人不惧怕失败。或者说，他们中的许多人根本没考虑过会失败，所以有时做事会比较激进。因为不担心会失败，所以才能大胆去做。即使教训惨痛，他们也不会放任失败不管，而是将其经验应用于下一项工作或通过战胜失败而收获自信、成长、经验，从而使自己不断向前。

活着就一定会经历失败，从不失败的人是不存在的。尤其是想要成长而挑战各种事情的时候，失败就像"奖励挑战"一样突然出现了。它好像在对你说："喂！怎么样？挑战成功就有奖励哦！"最终，如果能有一个令你满意的结果，你便获得了特别大的奖励。

其实，比起失败本身，失败之后如何行动才是对职场人真正的测试。如何克服失败决定了你的人生高度。如果你将其视为己任，尽量去做些事情弥补的话，那么你即使遇上些许困难，也都可以克服。

一个人在 20~30 岁时要允许自己失败。这时的失败是命运之神限时赠送给你的礼物，还是打开一下为好。俗话说"初生牛犊不怕虎"，撞撞南墙也好；或者只管去挑战就好，因为每一次从头再来都会算数，经历过的事都会成为你的资本和力量。虽然有人说"做了再后悔总好过没做而后悔",但既然做了,就没必要后悔了吧?将能做的都做了,你就不必后悔。

30岁就止步不前的人,或因过于恐惧失败而不去行动,或一旦失败就寻找借口,或受到重创便一蹶不振。其实这些都没关系。虽说失败了,但并非事关生死。你只需将失败转化为新的开端,继续前行即可。而对于30岁以后更加优秀的人来说,没有真正的失败,有的只是学习的机会。

要点 **失败是必然的。把它看作"新的开端",而不是"失去"。**

18 抱着『一旦堕落就完了』的心态

那个……你明明没有被分到想去的部门，

工作为什么还那么拼？

我可是一点儿干劲也没有，蔫儿着呢……

我也很意外和郁闷呢！

可是，堕落也于事无补！

你怎么看堕落的人？

不是我想做的工作，没劲儿！

唉……

你是不是觉得没人会同情他，没人愿意和他一起工作？

所以，要劝说自己『不可以堕落』！

这个人很有斗志嘛！

嗯……

不知不觉就会发生变化了。而这全由你自己决定！

　　只要活着，你就一定会遇上不如意的事。因为世界不是围着你一个人转的。

　　30岁以后更加优秀的人，能够面对并接受现实。但遗憾的是，30岁以后止步不前的人却不能。他们没有干劲，满腹牢骚，甚至认为"工作不合理，我要辞职"。他们很容易因为不如意而心情沉重、慌乱。

　　然而，即使郁闷地度过一天，也不会有好事发生吧？我们在工作中经常遇到难以接受的情况。比如，转岗或被调任至意料之外的部门；后来的同事比你先晋升；上司的职权干扰与同事的挑衅；自己的工作成果不被认可；因病无法工作；被降薪或裁员；因家庭原因无法正常工作，等等。

　　如果无法改变现状，我们只能改变自己的行动和未来。大胆假设，期待逆袭，重新开始吧！

　　事情不会就此结束，请你相信一定会发生变化，自己什么都能搞定。只要信念强烈，你便可以暗暗鼓励自己"不要悲观和失望，要拥有前进的强大力量和勇气"。如果对之前的信念动摇了，那你就要强迫自己重新确定新目标，制订新计划，不给自己堕落的机会，这也不失为一种好方法。当你被消极情绪控制时，要想调节自己郁闷的心情，比消除消极情绪更有效的方法是将其转换为积极心态。因此，你需要马上行动。一旦行动起来，你的心情自然会发生变化。一味地等待心情变好，不仅会造成时间浪费，而且等待的过程也很煎熬。最重要的是，如何在好心情中度过当下。不如意的现实中也一定隐藏着经验和某种暗示，所以不要否定眼前的现实，先试着去接受它。

人生不断地考验着我们的认真程度，不断地向我们发问："接下来怎么办？""你真的想要吗？"

要点　　**转变行动比转变心情更重要。**

19

娱乐和欢笑可以拯救我们

两年内要获得去海外部门工作的机会。

5年后要成为管理层，为了家人也要……

再坚持一下……

你需要稍微放松一些，拥有轻松的心态，让自己喘口气。

否则对自己、对周围的人都不好。

越是努力过度，弦绷得越紧，

蔫儿了……

在遭遇大的挫折时

就越脆弱。所以……

无论是工作还是生活，都要以平常心面对，这很重要。

敬佩啊……

即使做了同样的努力，会「玩」的那个人也会比较坚强哦！

……

在工作中，我们往往以目的和结果为导向，都是"为了什么而做"。但如果所有事情都这样，甚至是私事也是"为了生活""为了获取资格""为了参加结婚活动①""为了搭建人脉""为了将来"而追求好处或效果的话，这个人就会变得贪婪且疲惫。

人要想生存下去，必须适度放松，有技巧地"玩"。玩命工作、完全没有休息时间的人，对事会过于认真，对人也会很苛刻，他们一遇到不顺就会自责，脆弱且情绪易崩溃。而同样努力的人，如果能在工作和生活中适当地"玩"，并拥有幽默感和乐观的心态，那么他们会出乎意料的强大。即使犯了错，他们也懂得对自己说"已经过去了""笑一笑"，然后转换心情，克服困难。正因为辛苦，他们才要用笑容将自己解脱出来。认真的人生来就不会松懈，不过，只要在工作或人际关系方面抱着一份平常心，经常开开玩笑，忙里偷闲娱乐一下又如何呢？

娱乐可以滋润我们干枯的心灵，将心情从工作和生活中解放出来。越是忙于工作或育儿的人，越需要片刻的抽离。

---

① 未婚人士并非出于本意而寻找结婚对象的主体性活动。——译者注

等年纪大了、有时间了，即使有玩的想法，也不是说玩就能玩的了，况且到那时我们的体力也有限了。越忙的人，越需要提前规划好娱乐时间，或做些自己喜欢的事，或稍事休息。

人生百年时代①是个长期战。曾经的"学习→工作→娱乐"的人生步骤将发生大变化，学习、工作、娱乐将齐头并进，转化为持久力。异常忙碌的人如果能利用早起后的时间和碎片时间，拥有属于自己的片刻时光，他的心中一定也会生出些许闲情逸致吧。

无论是在工作还是生活中，"玩"心和空闲都会转化为"成长空间"，促使你变得更加优秀。若一直精神紧绷，拼命努力，你可能会在某天突然崩溃。时不时放松一下吧！也许你将看到以前看不到的风景。

要点 **尽量在工作中寻找乐趣。**

---

① 以前的人生计划的基本框架是"学习""工作""退休"三步骤。但假设人生以100年为单位，此框架就可能发生很大的变化。用一个词语来形容即为"人生百年时代"。——译者注

20 『野心』可以激发潜力

我将来要成为总经理，改变公司！

实际了……这梦想太不切

一个普普通通的员工居然想当总经理，实在是太异想天开了……

呃……

不好意思突然拜托你，这个文件明天之前可以发给我吗？

好的，没问题！

咔嚓咔嚓

啊？

要得太急了。

所以说，这个公司不行啊！

诞生了最年轻的总经理！

几年后……

啊？

同样都工作了这么多年，她为啥……

哇！

哇！

毫不掩饰想当高管的远大志向。

志向

不知不觉中，工作上就产生了巨大差异。

呃！

真的呢……

同事 M 曾经说过："以后我要当总经理，改变公司的管理方式。"她认为反正都是拼命工作，索性就将目标定为当上总经理。而我和其他同事都没想过自己能当总经理，所以我们只是埋怨公司的管理方式不合理、薪水太低等，互相安慰。志向的差异就自然而然地体现在言行上了。

M 总是迅速回复顾客和相关公司的问题，并彻底解决，不找任何借口。她的行动已经展现了作为总经理的一些风范，一路晋升也是理所当然的。有野心的人很强大，这种野心在任何时候都能激励自己。因为不断地描绘愿景，现实也就离自己越来越近了。野心最能使工作和人生充满乐趣。

30 岁以后更加优秀的人，内心深处常常暗涌着野心，如火苗般静静地燃烧。即使没有长期目标，他们也会在脑海中自由地描绘愿景。比如，"我什么时候能变成这样就好了""想过这种生活""想试着做这件事"等。

而 30 岁以后止步不前的人，会满足于现实境况；或给自己设限，认为"自己只有这么大的能力""只能这样了"；或觉得"这样也蛮好的""人应该谦虚些"，为不愿意挑战的自己编造借口。而实际上自己是有能力的，这未免太浪费了。

过了 30 岁以后，我暗暗地萌生了野心。最初有此想法时，觉得"这太大了，与自身能力不符"，连说都不好意思跟别人说。比如，环游世界、写书、留学等。正因为怀揣着梦想不放弃，我才能够着这些"与自己能力不符的奢望"，并真切地感受到它们在某一时刻突然就变为了现实。而且，实现了一个愿望，我就会觉得下一个愿望也能实现。

有一样东西比实现愿望更有意义，那就是"想做就是想做""想要就是想要"，不否认自己有野心，勇敢地去挑战。因为野心中蕴含着我们每日的心境和改变言行的力量。人生是一场连续剧，剧本只能靠自己书写。

要点 **要敢想敢干，不怕失败，勇担责任。**

21 能做好日常小事的人令人放心

向上司汇报太麻烦了，

还是等我解决了之后再说吧……

等一下！

嘎！

你也工作很久了，难道忘了「日常」的重要性吗？

人们往往更关注专业技能，

但其根基不正是那些理所当然的日常吗？

技能

理所当然、常识

也有人连日常的事也做不好，甚至连信用也崩塌了。

哇！

嘣！

技能

其实，比日常该做的略微多做一点，就能令人感动哦！

略高于日常范畴

理所当然、日常

061

"工作中的日常"指职场人应该遵守的规则。具体来讲，有守时守约；有礼有节；"报联商"（汇报、联络、商谈）；来电回复；对上司及客户使用敬语；记录联络信息；整理整顿，等等。我们的大部分工作是由这些日常规则组成的。越是认真地将这些日常小事做好的人，越容易被他人信任，自然也会被上司委派更重要的任务及被赋予管理职务。能做好日常小事的人令人放心。

然而，我们经常会因做不好一些日常小事而对自己感到失望。在大家的普遍认知中，难度高的工作做不好可以理解，但日常小事非常简单，只要想做，没有人做不到。所以，我们理所当然应该做到。如果做不到，就会很显眼，即使你的工作能力再强，也不会得到他人的信任。

日常小事让人有种非做不可的义务感，很无趣，所以才经常有人做不到。如果横竖都要做，就不要将它理解为理所当然，而是比日常小事略微多做一点，或按照自己的想法去做即可。比如，"主动微笑着和他人打招呼""尽快汇报，在部门内部解决""比约定时间提前 5 分钟到"等，积极地朝着"稍微做好点"的目标努力。把它当作一个小小的挑战试着去做即可。令人不可思议的是，按照自己的意愿去做，并没有那么累。

如果我们没有做好日常小事，或者忘记做了，坦诚地向对方道歉即可。最忌讳的是不愿意做。看不起简单工作的人不值得信任。他们往往会卖弄说"这个工作人人都会做，和我的工作风格不符"。

无论什么事情，如果过于追求完美我们就会感到疲惫。只要超过对方的期望值一点儿就好。对方不期待的，就稍微松口气，放自己一马。因此，读懂对方的期待很重要。

首先，不要说"必须做什么"，而是要跟随自己的内心说"就这么干吧"。

要点 默默地对自己说"就这么干吧"，而不是"必须要这么做"。

22 成为独一无二的存在

无论如何也要做业界翘楚！

哦……

可是，有很多竞争对手，你必须付出加倍的努力！

如果竞争对手很多，你可以反其道而行之，这是成功的秘诀哦！

你现在就像站在了竞争对手很多的赛道上，非常辛苦。

冲啊！

好挤啊！

尽管拼了命地向前跑，参加者还是越来越多，没有止境。

珍珠奶茶界吵吵闹闹大赛

所以，关注大家都不做的事，或试着去寻找自己擅长的事。

作壁上观

哇！哇！

传统比赛

时代变化日新月异,社会需求及公司状况也在瞬息万变。在这样的时代中,如果你说"我只会做这个""我只想做这个",恐怕是找不到工作的。"没有任何特长""没有专业性和擅长的具体领域"的人也会去争抢那些没有门槛的工作。

公司需要的是有特长且各方面能力较为均衡的多元化人才。因为有自己擅长的专业领域、视野宽广的人,能站在对方的角度思考问题,了解对方的需求,灵活地处理问题。

要想提升自我价值,打造个人品牌,有以下 3 种途径:

(1)成为某个领域的顶尖高手。

(2)做没有人做的事,创造稀有价值。

(3)核心技能 + 独家附加价值 = 创新。

第一种途径是最难实现的。要想从专业领域脱颖而出绝非易事,我们需要不断地与同一战线的对手们相互竞争。

第二种途径对所有工作来讲都是必要的。比如,在职场上,如果你愿意干大家都不干或都讨厌的工作,大家就会佩服你。与其随波逐流,不如反其道而行之,在没有竞争的领域里,更容易被他人需要。

第三种途径是在现代社会中生存下去的最现实且最灵活

的方法。比如销售人员,有"取得公认心理师资格的销售人员""自己发行报纸①的销售人员""会手语的销售人员"等,因为具有各种附加价值,所以他们避免了同质化。

做生意时,如果你的店与其他店没有差异,就吸引不到客户。对个人而言,①受人喜爱之处;②特长;③与众不同之处(包括缺点在内的卖点);④放眼四周,无人肯做的事;⑤有潜在需求的事。关注这 5 点,你便可以为社会提供独一无二、非你不可的服务。

要点 **关注别人不做或不想做的事。**

---

① 自己制作的有关个人情况的报纸。报纸的名称、版面、内容都由自己编辑和设计。——译者注

23

滴水穿石，再坚持一下

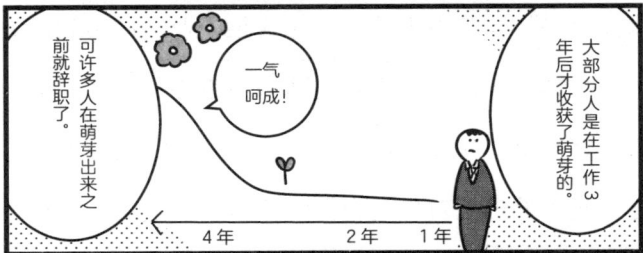

今年是我进入公司的第二年，努力的种子什么时候才能发芽？

细心呵护

啊……要么转岗吧……不像能发芽的样子

脆……

这样好吗？

我花了大量心血播下了种子，每天还浇水施肥……

大部分人是在工作3年后才收获了萌芽的。

一气呵成！

可许多人在萌芽出来之前就辞职了。

4年　　2年　1年

那么，

也就是说，现在（第二年）辞职可能有点浪费。

是啊！

好不容易取得了现在的成绩，再坚持一下如何？

067

常言道"滴水穿石"，绝大多数工作都是以 3 年为一个阶段的。在一个工作岗位上也需要用 3 年的时间才能出成绩、被认可。经理、秘书、编辑、设计师、程序员、教师、护士……无论哪种职业，基本上都是从第三年开始因为有了一定的经验，所以会被看作是"业内专家"，并开始拥有自信心和成就感了。

"第一年一无所知，第二年略知一二，第三年开启新阶段，第四年终于知道该如何去做。"在建筑公司从事改建销售工作的 Y 先生如是说。他初出社会的时候毫无销售经验，因此第一年几乎没有什么工作成果，业绩还不到绩效目标的一半。第二年也还是没有头绪，他不知道该做什么，怎么去做。直到第三年才发生了转机。Y 先生陪同新上任的团队领导一起去处理他对接的合同时，他看到上司轻轻松松地就让客户签了合同。"当时我非常吃惊，感觉一下子轻松了许多。上司对我说'没事，你一定也可以的'。这也让我更加自信了。从第三年开始，我感到工作顺手起来，目标也清晰了。"第四年，Y 先生半年的销售额就达到了 500 万元，并且受到了公司的表彰。因为"想为公司作贡献""想帮助客户"，几年后，他又获得了室内家装设计咨询师的资格。

无论哪种职业，都需要连续工作 3 年才能有所收获。有不少人还没等到工作顺手起来就觉得自己"不适合"，接着便辞职了。如果现状实在让你感到痛苦，或者你不想错过跳槽机会，那我不会再劝你什么了。但是，如果没有特殊的理由，反正只有 3 年，坚持一下也无妨，往往马上就会柳暗花明又一村。到那时，你一定会看到与现在不同的世界。

即使想换个方向发展，到那时再决定也不迟，时间还很充裕。3 年的坚持会转化为你的自信，更会转化为周围人对你的信赖。

要点 **不要挑剔工作，先做做看。**

24

不要随波逐流

咔嗒咔嗒 咔嗒咔嗒

大猩猩前辈说他年轻时彻夜加班，才有了现在的收获。

所以，现在正是拼命的时候！

次日早晨

明明体力不够……你太拼了！

睡眠不足，大脑转不动了。这不是本末倒置了嘛！

可前辈说……

健壮！

大猩猩前辈原来是橄榄球部出身，身心比普通人强一倍呀！

你和他不一样，同样拼命可不行啊！

创意之战

赢了！

输了

如果要拼，就在部门内给自己制定好路线再拼如何？

尽可能地推销自己。

「这个我可以」「这个企划案怎么样」……

有些人的干劲和能力都很强，却在 30 岁左右停滞不前。这是因为其中一部分人认为自己"和周围的人一样努力就够了"；还有不少人努力着努力着，突然一下子就觉得自己不行了，像紧绷的线突然断了一样。

我也有过一段痛苦的回忆。曾经在做服饰店店长时，我经常被人质疑："女店长啊，如果不像男店长那样能干，是胜任不了的。"所以，我就像男人那样拼命地工作。在店铺内来回奔走，比所有人都大声地喊着"欢迎光临"，然后加班到深夜……结果，我自然是扛不下去了。不仅我的身体透支，精神上也濒临崩溃。

当到了临界点时，我们要意识到再这样下去身体会累垮的。做不了就先不做，调整轨道，在适合自己的轨道上做擅长的事。之后，以"日本第一友好客服"为目标，我将之前在设备公司接受的培训——待客礼仪及注意事项都教给了团队成员。当顾客手上拿着商品时，我们应立即将购物篮递上去；当客人在慢慢挑选时，我们应立即上前询问"您是在找什么商品吗"，同时向客人展现出最灿烂的笑容。于是，与"像男人一样拼命工作"时相比，我得到了上司的更高评价，并被委派负责本区域的新员工培训。

无论是男性还是女性，一定都有自己的风格和特长。30岁之前尝试各种挑战，包括自己不擅长的事物，这可以磨炼我们的体力和平衡不同事物的能力，帮助自身成长；而30岁以后便要靠自己的特长一决胜负了。这是一个从"广而浅"到"窄而深"的过程。放弃"这并非是我擅长的领域"的念头，将其变成符合自己准确定位的优势，并且越来越成熟。在集体中打造出自己的路线，会使自己更加自信，并找到属于自己的一方天地。

常听人说，"公司内没有可参照的'榜样'"。但即使没有"榜样"，也可以在和公司磨合的过程中，打造自己独特的风格和路线。不过，有一个大前提是，你要成为集体中必不可缺的存在。

要点 **学会放手，不要什么都做。**

25

善于利用信息

啊？为什么这么说？

那个人30岁以后可能就不会再进步了。

快快快!

她看上去好像很听上司的话，很能干，

知道了!

实际上并不太明白……

但实际上只是唯命是从，机械地工作着。

这项工作……

相反，这种人反而才会不断成长。

真的有必要吗？

他们并非全盘接受上司布置的工作，而会主动思考各种问题。

也就是说，要学会独立思考？

真的是这样吗？

换个角度试试看呢？

你的初心是什么？

如果不想被机器人取代的话。

　　曾经有一位颇有影响力的名人说过："书读得越多，越不会思考。"意思是，如果只是不求甚解书本中所教的内容，看似懂了，但其实并没有自己动脑思考，渐渐地便不会思考了。我本人也从书中受益良多，然而，无论读什么书，如果不用大脑思考，终究是无法掌握其精髓的。

　　在职场中也是如此。30 岁以后更加优秀的人，做的是需要用脑的工作；而 30 岁便止步不前的人，只是一味地对上司的指示囫囵吞枣、照单全收。这并不是听话，只是没有思考，这样对公司也毫无益处。因此，为养成独立思考的习惯，我们可以经常问自己以下 5 个问题。

　　（1）"真的是这样吗？"

　　面对一切信息，都要这样问自己（只相信自己亲眼所见的、确定的事物）。

　　（2）"初心是什么？"

　　回归初心，再度思考。

　　（3）"能换个角度试试看吗？"

　　不仅要站在自己的立场上，更要从各个角度进行验证。

（4）"还有其他方法吗？"

方法有很多。例如收集信息，提炼出最佳方案。

（5）"为什么会这样？"

既要考虑无形的原因，也要考虑对方言行的出发点。比如，上司说"我们也试试在社交媒体上招揽顾客吧"。你对上司言听计从当然容易，但其实有许多问题。"这样做真的能招揽到顾客吗""成功招揽顾客的诀窍是什么""这样做有何弊端"等，你也可以像这样准备好判断这样做优缺点的论据，向上司进行说明。

如果我是上司，比起什么也不想就去做的下属，我当然更信赖会表达自己的意见后再执行的下属。

要点 **不懂的事自己去验证。**

26

计划即想象力

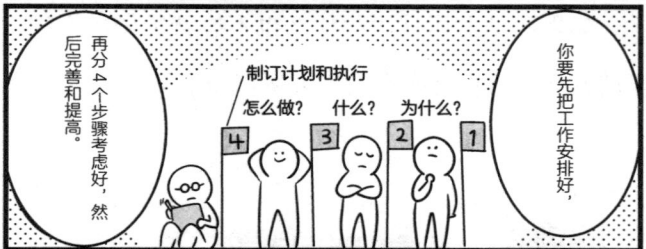

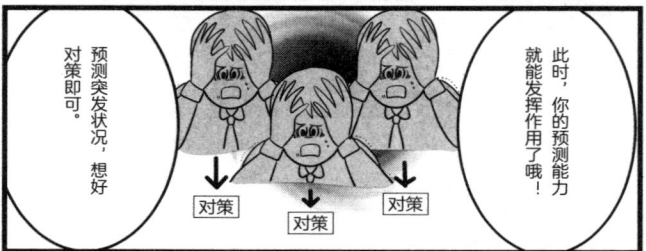

如果被投诉了怎么办？

如果客户发火了怎么办？

如果机器运转不顺利……

啊……我这种悲观的性格

真是要命啊！

你这种性格反而很好！

但是，

完全没问题！

再分 4 个步骤考虑好，然后完善和提高。

制订计划和执行

怎么做？ 什么？ 为什么？

4 **3** **2** **1**

你要先把工作安排好，

预测突发状况，想好对策即可。

| 对策 | 对策 | 对策 |

此时，你的预测能力就能发挥作用了哦！

无论哪种工作，要想在有限的时间内取得成果，都必须有所准备。所谓准备，就是预知的想象力。不预知就盲目开始，走一步算一步的话，可能会造成时间与体力的浪费，或者容易产生问题，导致手忙脚乱。

无论项目大小，都可以按照以下 4 个步骤来做计划。此方法适用于为了达成各种目标时制订的计划。

（1）为什么而做（Why）？

确认工作目的。目的不同，完成状态与工作方法将完全不同。

（2）想完成到什么程度（What）？

尽可能明确而细致地想象一下完成状态。

（3）完成目标必需的是什么？应该如何去做（How to...）？

根据第二点将必需品、工作内容、联络、确认、问题点等做成待办清单。

（4）制订和执行计划。

将第三点中的内容按照时间顺序排好，然后进行模拟操作，再按照计划表实施即可。

做计划的同时，预测风险也很重要。比如，"喂！发生这种问题时该如何应对""这个不确认好你能放心吗"。为了不掉入陷阱栽跟头，需提前预测风险，或将陷阱填上，或提前绕开。若只想好的方面，发生紧急事态时则很难完成工作。不要在最后关头掉链子。做事不严谨，马马虎虎是很要命的。时刻牢记危机管理，比如，"提前制订计划""准备好备选方案""提前考虑好风险环节跟踪机制"等。做最坏的打算，争取最好的结果。

要点 **切莫疏忽模拟实验。**

27

提高察觉力

察觉力强的人

！

这个投诉反映了大问题……

可以把危险扼杀在萌芽状态！

察觉力弱的人

！

不属于我的职责范围，算了……

没意识到……

所以，即使面对同一个事物，

了解这个人的想法了。

察觉力强的人和察觉力弱的人看到的也大为不同。

虽说经验积累得越多察觉力越强，

他在想什么呢？

但只关注自己的人察觉力会变弱。长此以往，将会产生巨大差异。

……

要说能干的人有哪些特征，不正是机灵、聪敏、善于察言观色吗？没人嘱咐他们应该怎么干，他们也能干得很漂亮，而且善于提前做准备。他们本能地善于揣摩对方的心情、观察对方的状况以及思考长远的事。想要成为察觉力和洞察力都优秀的人，要从面部表情就能读懂对方的心思，或者可闻一知十，由一点征兆推测出很久以后的事。随着年龄的增长，我们尤其需要具备优秀的察觉力。

用心与服务意识可以弥补察觉力的不足。所谓服务意识，就是取悦他人的意愿。如果能够站在对方的立场上，思考对方此刻需要什么，你自然就知道该怎么做了。对周围的环境保持兴趣也很重要，如果你对周围的人与事毫无兴趣，就很难察觉到什么了。

30 岁以后更加优秀的人，都在不断地磨炼自己的察觉力。令人不可思议的是，察觉力并非随着年龄的增长而变弱，而是随着经验和信息的积累变得越来越敏锐。许多 20 多岁时看不明白的事情，你会在此时洞察出来。比如，"我知道他想说什么""这才是他所期待的吧"，或者"虽然嘴上这么说，但其实他内心别有想法""一定另有原因"等。而 30 岁便止步不前的人，只能看到自己想看到的，听到自己想听到的。

像注视对方或倾听对方一样思考自己。如果听也没听就频繁地将某人某事与自己做比较，或对号入座的话，你就需要引起注意了。这样下去，你的观察力与察觉力将慢慢钝化，随着年龄的增长，你与不断磨炼察觉力的人之间的差距会越来越大。

成为哪种人，完全取决于你的用心。你要先认真观察周围的情况，而不是贸然采取"机敏的行动"。

要点 **思考他人行动的原因。**

28 不加班也能完成任务

平日，夜晚的车站，无精打采的上班族们。

成群结队

络绎不绝

每天这样加班可不行啊，皮肤都变得干燥粗糙了。

可是……

虽然我也想早点回家，可大家都在努力加班，所以我也不得不……

按时完成工作固然重要，

但 30 岁以后，学会放松也很重要。

这样下去，不知不觉就将精力耗尽了。

千万不能认为长时间工作是理所当然的。

最重要的是，下定决心『今天一定要按时回家』！

5 点结束

在人生中，尤其是对 20 多岁的人来讲，按时完成工作非常重要，但适当的放松也很有必要。否则，每个人都会陷入"疲劳地狱"而无法脱身，最终耗尽精力。如果你希望自己的职业生涯长一些，就按照下面的不加班也能完成任务的五大方法去做吧！

（1）非必要的事不做，避免浪费时间、精力。

回顾一下你就会发现，这样的事有很多。比如，习惯性地在做的事、想当然地在做的事、冗长的会议等。反思一下，这些真的有必要吗？如果很难立刻改变，那就一点点地去解决。

（2）整理好物品、文件等，确保能随手拿来。

手忙脚乱地找物品、资料以及电脑中的数据是最浪费时间的。"将所有东西放置在固定场所""用完马上放回原位""使文具和文件一目了然"，只要做到这些，便可节约时间。

（3）创造集中的时间。

加班多的人有一个坏习惯：做做这个，做做那个，但都没有完全做完。应该用 2 个小时集中精力完成一项工作，各个击破。

（4）养成立即做的习惯和优先完成让你感到压力大的工作。

应先从让你感到压力大的工作开始整理。比如，亟待交付的工作、不尽快处理就会导致麻烦或差评的工作等。

如有非常规工作，并能在 5 分钟之内解决的就立刻解决掉。如果当时腾不出手，就等有空的时候赶紧做完。

（5）团队协作最重要。

时间管理中最重要的便是与人协作。自以为是地开展工作，结果造成重复劳动；或在孤立状态下承担工作，这些都会导致工作效率低下。能在规定时间内完成工作，或做其他人不愿意做的工作，重要的是营造出一种氛围，让人觉得"他早点走也没关系"。明确自己的职责，建立互助机制，最终对自己、对大家都好。

要点 提前确定好当晚的计划，坚决要按时回家。

29 理解公司的期待

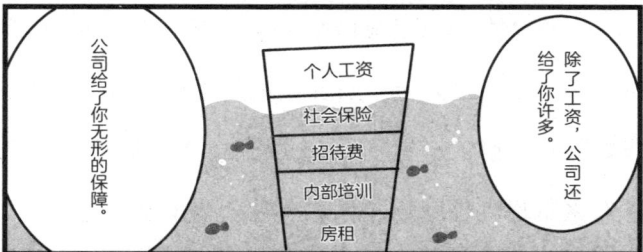

第一格：

我这么努力地为公司作贡献，可为什么不给我涨工资呢？

唉……

终究还是上层的领导们占尽了便宜啊！

第二格：

之所以会这么想，是因为你单纯地从职员的角度看公司了吧？

在抱怨工资不涨之前，是否应该想一想自己做了什么呢？

第三格：

除了工资，公司还给了你许多。

公司给了你无形的保障。

| 个人工资 |
| 社会保险 |
| 招待费 |
| 内部培训 |
| 房租 |

第四格：

30 岁以后，更重要的是「从经营者的角度」看问题。

这样你就能明白经营者期待的是什么了。

| 个人工资 |
| 社会保险 |
| 招待费 |
| 内部培训 |
| 房租 |

30 岁以后更优秀的人，不仅能站在员工的立场上，更会从经营者的角度看待问题。他们了解经营者期待的是什么，所以能够提供经营者想要的东西，也能思经营者所思，满足经营者所需。而 30 岁便止步不前的人，为了固守自己的立场和权利，会发一些牢骚。例如，"我们明明非常努力，为什么得不到应有的评价""希望公司将利润更多地回馈给我们"。经营者也许会说"哪怕再努力，如果拿不出成绩，也只能得到那样的评价而已""即使这期有利润，也要用来弥补目前的亏损和用于下一期投资"。

一直待在公司里我们是很难感受到的，而一旦跳出公司的范围，你就会发觉"自己是如何被保护着"。薪水和社保也是如此。比如，正是有了公司，你才能顺利地与客户打交道，才有人帮你处理麻烦，你才有在公司里学习的机会。我们需要明白，我们从公司获得的除了薪水还有其他无形的东西，以及其他众多好处。

公司经营的目的就是追求利润。为了提高利润，我们必须积极地和公司保持统一战线。要清楚今年公司的销售额是多少，营业利润有多少，花了多少经费等。为了追求利润，公司必须为客户提供优质的商品与服务。这背后包括品牌策划、广告宣传、人才培训、新业务开发等各种战略部署。如果你和经营者一样拥有足够宽广和长远的眼光，就能看清公司期待的是什么，也就能作出相应的贡献了。

过了30岁，公司也期待你能从普通职员迈上一个新台阶。

要点　　**思考一下，经营者希望聘用什么样的人。**

30

做出优秀的工作成果

我太喜欢工作了，我没有私人生活，全部身心都扑在了工作上……

可是，这样下去真的好吗？

不是挺好的嘛！

工作就是这样，如果觉得开心，就放手去做！

对工作保持热爱，就会被工作青睐。

这样做既可以得到成长，又可以取得成绩。

工作

每个人都有情绪低落的时候，

发呆……

就像那个人一样……

而开心的时候正是储蓄力量的好时机哦！

30 岁以后更加优秀的人，大多数在 20 多岁时感觉工作有趣得不得了。正因如此，他们才会为了工作而废寝忘食。此时，他们强烈地感受到工作好有趣、自己好开心。没有经历这个时期，他们便不可能快速成长。热爱工作，工作也会青睐于你。这是非常公平、非常简单的道理。随后，成果和成长必将接踵而至。

因此，我想说的是，觉得工作很有趣时，就义无反顾地去做吧！这意味着你正在经历飞跃般的成长。不久后，你就会发现"不知不觉便掌握了技能""靠这点变得自信了""自己居然做得这么好"等。拥有了优秀的工作能力，你不仅为自己感到骄傲，也会得到别人的赞许，这将成为你征服世界以及为人处世的强大支撑。

为何工作能力如此重要呢？因为工作能力强的人可以为公司和社会作出更多的贡献，但更重要的是工作能力强的人可以按照自己的意志工作和生活，生活得更加轻松惬意。

如果缺乏工作能力，遇到不同意对方意见的情况，你会因为无能为力而放弃争辩，或者不得不与许多人争抢一份工作。如果别人并不认为"你必不可缺""想和你一起共事"，那就说明你没有被需要，就会导致你陷入弱势境地。对于成熟的职场人来说，重要的是"说自己想说的话""做自己想做的事""过自己想要的生活"，并不断扩大自由的范围。

因为有了独立做决定的判断力、积极自主的行动力以及负责任的能力，所以我们才能自由地做更多的事。无视周围的情况，完全随心所欲，显然是不可能的。当然，如果你有能力使周围的人认同你的言行，再加上你有一定的工作能力和沟通能力，那也许是可以做到的。

30 岁以后更加优秀的人，可以选择自己的人生。30 岁便止步不前的人，只能接受别人的选择。听起来似乎很残酷，但这就是社会法则。要想人生之路越走越宽广，拿出优秀成果的自信和实实在在的成绩是必不可缺的。

要点 **自己决定自己的处境。**

31 人际关系的核心是『认可』

搞好人际关系好难啊……

唉……

发生什么事了？

和后来的同事怎么也处不好……

可能是我讲话太无趣了，

所以才处不好的吧。

因为讲话无趣，导致人际关系处理不好？没有这种事！

最能增强人际关系的方法就是『认可对方』。

每个人都希望得到他人的认同。

好厉害哦！干得漂亮！

经常认可他人，他人才会喜欢你。

谁都想和这样的人一起共事吧！

谢谢。

人际关系中最强有力的纽带就是"对方认可我"。有人对我做的事情感兴趣、喜欢我，对我示好且认可我，他们对我来说便是重要且不可取代的。父母与孩子、朋友、师兄弟、上司与下属、恋人、夫妻……无论什么关系，核心都是"认可"。能一直打交道的人，应该是互相认可的。因为人人都渴望被认可。

因此，想处理好人际关系，你必须先认可对方。具体到行动上，做到以下 5 点，将会帮助你更加妥善地处理人际关系。

（1）善讲不如善听。

"七分听三分讲"，注视对方的眼睛，让他知道你在认真倾听。

（2）善于提问。

最重要的是对对方抱有兴趣。避免连珠炮似的发问，从提问入手展开谈话，你们的对话将更加自然流畅。

（3）善于感谢。

反复说"谢谢"可以引起对方的重视，对方也会感到自己被重视，从而更加重视你。

（4）善于称赞。

由衷的称赞很重要。称赞对方的努力，而不是成绩；称赞对方的品位或"这很适合你啊"之类的自身优点，而不是身外之物。

（5）善于慰劳。

"谢谢您一直帮助我""很热吧""辛苦您加班到这么晚"等，越是平常的事，越是小事，你越要给予对方大大的安慰和表扬。

然而，有一点十分重要。我们很容易认可与自己相似的、价值观契合的人，却很难认可并接受与自己价值观不同甚至相左的人。其实不用勉强自己去理解对方或与对方产生共鸣，因为人本来就是不同的。

正因为不同，所以才有趣。从"不同"出发，不同年代、不同立场、不同价值观的人，都能意外地找到相同的地方。

要点 **以价值观不同为乐趣。**

32 坦然接受他人的忠告

什么呀！

你又究竟了解我多少？

砰！

学艺不精！

你真是

忠告

至于别人乱发脾气，或其他让你想不通的事情，你就不必太在意了……

嗯……

在当今时代，能关注你的人非常珍贵哦！

那一句话也许能大大改变你的人生轨迹。

如果这种提醒可以帮你认清自己的缺点，不妨倾听一下吧！

学艺不精

你是说，我刚才扔掉的他人给我的忠告可能是我成功路上的幸运石？

很有可能哦！

真是可惜了。

很少有人会接受他人露骨的诽谤中伤，但 30 岁以后，如果你还完全不接受任何否定自己的意见，那么你将会停滞不前。越是草草完成工作、看似优秀的人，当他们被指出自己的弱点或失败之处时，他们越会感觉受到了极大的伤害，甚至会反过来倒打你一耙。因为他们不习惯被人否定或斥责。

读大学时，H 先生想去餐馆的后厨打工，面试时却被面试官提醒说"你适合做接待客人的店员"，于是他发现了服务行业的乐趣。当他因后厨和前台意见不一致而反驳同事时，总会被人说"真固执啊"。"我也觉得反驳别人确实挺差劲的。从那以后，我在工作中再也没有反驳别人或者找过借口。"H 先生说道。

后来，他去了快餐店工作。再后来，他又成了服装店的店长。因为从事过快餐行业，在服装店工作时，他对店铺进行了分析，制作了更有利于大家工作的计划表，但服装店第一年的销售额并没有上升。他认为自己必须继续学习，于是向公司提出申请，希望能参加一些研讨会，但却被上司驳回了。那时，上司说了一句话"请再磨炼下心性"。

从那时起，H 先生意识到，公司教给了他做事的方法，所谓"磨炼心性"就是从现状出发，自我领悟、思考、学习，然后行动。他制作了网页店铺，在博客等社交媒体上发布了流行信息，并用尽心思布置橱窗，吸引顾客过门必入，创造了迄今为止从未有过的高额销售纪录。现在他已经创业成为咨询师，并成功举办了研讨会。

　　他今后的目标是"想试试自己的事业究竟能做到多大，直到生命终止"。这种鸿鹄之志就是坦然接受别人的劝诫，将其当作礼物而产生的魔法效应吧。

要点　**任何劝诫都可以为成长所用。**

"这太奇怪了""绝不允许这样"！在生活中，我们常常会遇到一些矛盾的事情，就连工作中也充斥着各种奇怪的事。比如，公司的决定、经理的指示、评定方法、后辈怎么休假、关于职权骚扰纠纷的发言等，我们可能都无法理解，我们也不能容忍上司和同事的敷衍。我们越认真工作，越仔细思考，就越感到生气。

对于这种矛盾或缺失，正义和正论有时是必要的，但有时也会成为我们在社会上立足的绊脚石。有人会提出质疑："这世上难道只有正论吗？"人都有弱点，都会犯错或失败，我们要拥有宽容之心和站在对方角度考虑问题的格局。因为"凡事皆有原委，结果已成定局"。

有些人正义感太强，与社会及公司中的矛盾发生了对抗。长此以往，他们会生存得异常艰难，甚至自己先崩溃了。

"凡事皆有原委"，我们应将这句话放在内心深处。换个角度，我们也许就能看到另一番正义与正论了。其实所谓的正义与正论都是不确定的东西。即使社会上所谓的正论，换个视角看，也不一定完全正确，有许多事都是"明白了，但很难做到"。

其实，20多岁时，我也是一个很麻烦的下属。我经常靠着一股子正义感和正论去追问上司，并奋不顾身地抗议："那样不是很奇怪吗？"我深知即使反驳也无法改变对方，不能使双方互相受益；也明白需要依靠公司和同事的帮助，自己才能朝着更好的方向努力。如果继续这样下去，上司或下属都将对我敬而远之，我恐怕就成了别人眼中很难伺候的那种人。

比自己理解的正义还重要的是公司与人的关系。不仅要从自身角度，更要从对方角度出发，倾听对方的心声，体会个中原委。如此灵活的人才会在30岁以后更快地成长，不是吗？

要点 多角度认知社会及公司中的矛盾。

34 让自己发光，成为给予者

你遇到过

贵人吗？

贵人？

贵人是中国人常用的词汇

指的是帮助自己有所成就的重要的人。

看上去像是凭一己之力管理好公司的总经理，其实背后……

即使是看上去完全靠自己成功的她，

也有人在背后帮助过她。

如果公司中没有关照、帮助你的人，你很难得到更好的发展。

谢谢！

一定要记住，任何成功都离不开他人的帮助。

30 岁以后更加优秀的人，一定有贵人相助。"贵人"指那些帮助自己有所成就的重要的人。

无论是公司职员、自由职业者，还是经营者，如果没人举荐你，没人愿意关照你，助你一臂之力，你就不会得到长足的发展。即使你自己一个人再怎么努力，也很难获得很大的发展。正因为遇到了贵人，你才能迎风而上，顺势而为。

生命中不断出现贵人，并能抓住每次机会顺势而为的人，具备以下 3 个特征。

（1）踏实工作。

令人不可思议的是，所谓贵人，并不是我们能够选择的，而是在不经意间突然出现的。30 岁以后抓住机会的人，做事必定持之以恒，从不半途而废。一个人越专注于工作、越努力，就越容易打动人心，将贵人吸引到自己身边来。

（2）常怀感恩之心。

时常把"谢谢"挂在嘴边的人，身边不缺朋友。因为无论是谁，被感谢时总想着再回报给对方一些东西。哪怕是别人帮了你再小的事，都应该果断向对方表达谢意。对有恩于自己的人，应该礼节周到。越是对身边的人，我们越需要将感谢之情说出来。这一点尤为重要。

（3）自己也是贵人。

不仅要报答自己的贵人，我们也要帮助其他人。如果你身边有需要帮助或正在拼命努力的人，你可以做一些力所能及的事情去帮助他们。一个人越计较得失与自身利益，人们越会远离你。越急于得到你就越得不到。但如果你能以"给予"的心态真心帮助别人的话，将会有想象不到的意外之喜从某处回馈给你。

我们生活在整个人类的庞大生态体系中。我们一边帮助别人，一边接受着别人的帮助。

要点 尽自己所能帮助身边的人及整个社会。

35

用『正向眼光』去看待他人

我不是讨厌工作，只是和不好相处的人一起工作真的很辛苦，越来越疲惫。

她太固执了，听不进去意见。

哎呀……

唉……

改变别人是很难的，你要有这个心理准备。

因为人是很难改变的，除非他自己想改变。

我们能改变的只有自己。

我特别喜欢你意志坚强的一面！

自己的态度改变了，与对方的关系也会改变。

很多人辞职的原因中常见的一个便是搞不好人际关系，其中，最大的问题恐怕就是"如何与不好相处的人相处"。

首先，我们需要明确一个前提：别人是无法改变的，我们唯一能改变的就是自己。自己的态度改变了，与对方的关系才会改变。在此前提下，我们能采取的与不好相处的人相处的六大对策如下。

（1）用"正向眼光"去看待他人。

如果将对方当作"讨厌的人"，他的"讨厌指数"便会逐渐上升。对待超级细心的人，就要连细微之处也不放过；对待爱管闲事的人，就要亲切、善于照顾。我们要改变视角，用正向、有爱的眼光去看待他人。没有人十全十美，也没有人一无是处。无论什么人都有让人觉得"真好、真厉害、真努力"的地方。不否定对方，多看到对方的优点，他也就有可能变成你眼中的好人了。

（2）探索在什么状态下易与对方形成良好关系。

弄清楚对方最重视什么，总结出他追求的东西。比如，对待注重礼仪的人，我们也要注重礼仪；对待下达指示细致入微的人，我们也要报告得细致入微等。模仿对方的行事风格也是一种方法。

（3）发现共同点与共鸣之处。

我们在每个人身上都能找到我们与他的共同点，发现并经常谈论这些共同点，渐渐地就不觉得对方不好相处了。

（4）寻找可以学习的东西。

对方意想不到的优点以及学问都是较为隐蔽的，需要我们去寻找。当然，他不好的地方可以当作反面教材，以之为鉴。

（5）万事皆可商量。

即使曾经敌对，通过友好协商也可以成为朋友。

（6）采取非感性行动。

面对越不好相处的人，我们越要面带微笑主动与之沟通。与其逃避，不如主动出击。改变了自己的看法和行动，才能改变与对方的关系。能控制自己的感情，就能控制人际关系。

要点 越讨厌对方，越要主动打招呼。

36

聪明的人会给足对方面子

等一下！

你也要再努力一点哦！

我的主意是最好的！

当自己处于优势时，不能用这么强势的措辞！

否则会得罪人、还会和别人产生矛盾哦！

嗯……可我的确是胜出了呀！

不管怎样，

想要受到他人的尊重，就要先尊重周围的人。

比如，你可以说「我也是这样认为的呢」「你的意见一向都这么靠谱」等。

不从内心否定对方，向对方表示尊重即可。

啊？这样就可以了吗？

　　30 岁以后迅速成长的人，无论是对上司、客户、同事、后辈、搭档，还是父母，都能不露声色地给足他们面子。

　　所谓"给足对方面子"，并非阿谀奉承，而是尊重对方、认可对方，使之成为焦点。

　　要想使事情进展顺利，并且受到他人的尊重，我们首先要尊重周围的人。谁都希望被重视、被尊重。如果一个人能满足你最在乎的尊严，他就是特别的存在。

　　越是自己处于优势地位，越要给足对方面子。人为了占据优势地位，往往会踩低对方。说对方"不行""可惜了""可怜"等。其实，每个人都有优点，也有能帮到自己的时候。

　　反驳或提醒下属与后辈时，如果同时不忘给足对方面子，就显得自己非常谦虚，也能给人留下较好的印象，更不会得罪人。哪怕对方与自己意见相左，我们也不能从内心否定他，认为"你不懂""不是这样的"，而是要向对方表示尊重："我也是这样认为的呢。""你的意见一向都这么靠谱。"这样一来，自己的意见也比较容易被对方接受，双方就可以有建设性地交换意见了。

聪明人给足对方面子的五大关键点如下。

（1）对对方的话保持兴趣并认真聆听。

给对方面子的第一步是认真聆听。此时，要将对方当作"能干的、优秀的人"，对方会真的自然而然地按照这个标准去行动。

（2）称呼对方的名字。

名字是对方最在意的。如果只是在问候或对话时偶尔提起别人的名字，我们给人的印象就会大打折扣。我们要让对方感受到"自己是被重视的"。

（3）赞扬、感谢、表示尊重。

关注对方特别努力的方面、细微的变化以及帮助、尊重他人等细微之处。将对方的这些信息传递给第三者也是给对方面子的一种表现。

（4）认可对方的存在，默默地关照对方。

无视对方的存在，不打招呼、不沟通是最伤对方自尊的。我们可以经常和对方打打招呼，让对方感受到我们对他的重视。

（5）在擅长的领域里塑造可持续关系。

好朋友之间如果可以各自发挥特长并互相帮助的话，双方都可以更耀眼夺目。让我们开开心心地做一个支持者吧！

要点 将对方看作能干之人，对方便可发挥自身本领。

37 共情，拉近彼此的距离

为什么同性的人都和我聊不下去呢？

想引起对方的共鸣，可总是以失败告终。

也许是因为你只顾着讲自己的事吧。

以后你可以试着培养下自己的共情力。

比起展示自己的魅力，不如先表现出对对方的兴趣，认真倾听对方的话。

想听听你的故事。

比如，可以问问与自己经历不同的女性。

现实中的婚姻生活是什么样的呢？

那个可是人生的坟墓呀！

以谦恭的姿态请教别人的话，对方会感到很舒服。

无论是在工作中，还是在生活中，共情力都是一把神奇的钥匙。所谓"共情力"，就是接近对方的情绪。有些人既能侧耳倾听并不时地肯定对方的话，又能与对方寻找共同话题。和这样的人聊天，立刻就没了距离感，你们会越聊越起劲。即使你们的立场和意见不一致，只要在某一瞬间产生了共鸣，双方就不太会产生矛盾，也很少会伤害到对方。

"共情力"是一种关心，是一种拉近人际关系的能力。一般认为女性的共情力较强，但实际上，有共情力的男性更受欢迎，更容易交到朋友。能站在对方的角度思考的人更值得信赖。

下面介绍提升共情力的 4 种方法。

（1）不否定对方。用自己的标准去否定对方，认为对方"奇怪""不好"或自己"吃不消"等，会使双方无法深入理解对方，对方也会向你关闭心扉。不要立刻评价，你只需接上一句"是吗"就好了。对对方充满兴趣，尽可能地去了解对方，可以使聊天更加深入，你也能更轻松地说服对方、相互合作。

（2）理解与共情是给对方最棒的礼物。你要积极地给予回应，找一些表示理解对方的关键词并说出来。比如"原来如此""确实是这样""明白"等，还有一些表达自己对对方很有共鸣的关键词,比如"好期待呢""那真是挺开心的""我也觉得"等。这样可以使双方更加亲近。积极主动地表达,会使双方产生朋友般的熟悉感,拉近彼此之间的距离。

(3)把自己想象成对方。在开始行动之前,你先想象一下"如果我是对方""如果我是客户""如果我是领导""如果我是听话人""如果发生同样的事"等,就会明白对方想要什么、不想要什么。

(4)意识到他人与自己的"边界线"。一味地提升共情力,你会因过于迎合别人而丧失自己的主观意见,或因对对方的消极情绪产生共鸣而深感疲惫。他人的情绪由他自己负责,而非由你背负。划清他人与自己的界限,追随自己的内心,"我是这么想的""我想这么做",也十分重要。

不同的人的意见和价值观本就不同。在尊重彼此情绪的同时,依靠共鸣产生联系,必要时相互妥协。这才是对方和自己都应该重视的沟通方式。

要点 **每天都要和对方聊一聊。**

38

做能激发员工干劲的优秀管理者

为什么我们店的员工这么没干劲呢？

焦虑

哪怕听听我这个店长的安排也好啊。

发呆……

先观察一下优秀店铺的做法吧！

一定有你店里没有的东西哦！

店长好有威信！

干脆 利索

井井 有条

啊！

光靠强迫对方做肯定是没用的。

我这是在培养你们。

必须先从心理上抓住大家的相通之处。

呃……

我见过许多管理者，发现优秀的管理者有一个共同的特点，那就是信赖下属，放手让他们去干。而管理不善的管理者则会用自己认为最高明的方法，要么试图将任务完全扔给下属，要么事无巨细地指挥下属，让下属完全按照自己的吩咐去做。结果，下属总处于等待指示的状态，就不会主动思考和行动了。

管理者的主要职责是描绘目标愿景与承担责任。尽管不是自己创立的公司，但有位董事长曾说："鄙人不才，承蒙公司的信任，才有幸担任了董事长。如果没有大家的帮助，我什么也不是。所以，我经常向下属表示感谢。"

他在培养人才方面也有自己独到的见解："所谓培养，是自上而下看的。反过来，我们需要从年轻人身上学习的东西也有很多。与其说是领导培养下属，不如说是指明方向，带领大家不断前进。"

不要将自己的价值观强加在 20 多岁血气方刚的年轻人身上。即使他们还未成熟，也要让他们尝试去一线工作，不要畏惧失败。出现问题时，大家齐心协力，共同解决。这样一来，抱着打工的心态进入公司，并不想十分努力的人也会在不知不觉中产生责任感和价值感，变得更加优秀。

　　管理者应该主动向员工敞开心扉。无论是经营方面还是财务方面都应该公开透明。这样一来，员工们的主人翁意识才会增强，才会积极努力地工作，公司才能上下一心，勇往直前，摆脱困境。管理者必备的素质就是沟通能力、洞察未来的洞察力以及有容乃大的宽恕力。

　　如果可以信赖下属，想放手让他去干，那就明明白白地告诉他。同时，自己也努力成为一个值得信赖的人。管理者的职责就是挖掘并发展下属的潜力，并帮助他们全面提高。

要点　　无论是什么身份，说话时都应该尊重对方。

39

人际关系助我们兼顾工作和育儿

精疲力竭

哇!
哇!

我辞职一年，专门照顾孩子。

可是，育儿和家务都做不好。

哇!

你一个人太苦闷了。

唉……

可是，妻子也在努力地工作啊。

你可以多借助下周围人的力量啊。

要想兼顾育儿与工作，必须借助外力哦!

大家都一样。

116

越来越多的女性在生育、育儿的同时也兼顾了工作，休育儿假的男性也渐渐多了起来。然而，兼顾工作和育儿不仅使女性产生身体及精神上的不安全感，还让她们开始担心"给公司添麻烦"或"周围的世俗眼光"，这也是不争的事实。

不过，还是有人为自己创造出了良好的育儿环境。有些女性在工作时，将孩子托管在"保育妈妈"家里，"保育妈妈"会帮她们去托儿所接孩子、辅导孩子做作业等。因为这些夫妻和父母分开居住，无法请父母帮忙，所以有时也会拜托附近的朋友或同事帮忙去托儿所接孩子。

很多男性也开始承担更多的育儿工作。因为他们内心会感到不安，觉得"同样都有工作，只让女性承受这些好吗"或者"自己也想参与育儿"。不能平衡工作和育儿时，无论男女也许都会选择自己将这些困难全部承担下来。长期处于这种满负荷的状态，身体很容易崩溃。

因此，平衡工作和育儿的五大方法如下。

（1）尽量不要以"有孩子"为理由而放弃工作。利用一切制度和体系，重新审视工作方法与时间分配，寻找可以平衡工作和育儿两者的方案。根据实际情况，也可以暂时放慢工作节奏。

（2）尽量借助外力。告诉自己他人也可以帮我照顾孩子。拜托他人照看孩子时，不要只拜托给一个人，由多人分担为佳。

（3）珍惜同事。要想工作顺利开展，就要和同事处好关系，先为团队作贡献。

（4）不追求完美。家里乱一点不要紧，工作剩一点不要紧，笑着生活最重要。对孩子来讲，"父母的笑脸"就是最好的礼物。

（5）享受育儿和工作。懂得转换心情，内心会比较从容。让自己喘口气，放松一下，就可以同时享受育儿和工作了。

要点 利用一切能平衡工作和育儿的人和物，同时不要忘记感谢。

40

邂逅有魅力的人

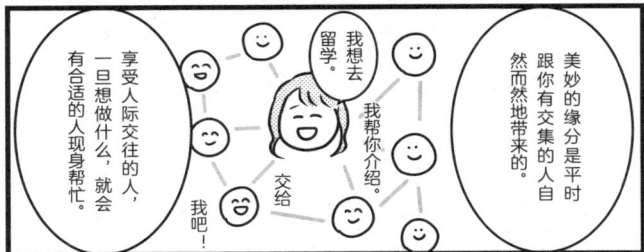

……

拜托让我邂逅美妙的缘分吧。

祈愿是可以的，

但自己也可以主动争取嘛！

呃……

美妙的缘分是平时跟你有交集的人自然而然地带来的。

享受人际交往的人，一旦想做什么，就会有合适的人现身帮忙。

我想去留学。

我帮你介绍。

交给我吧！

不要只珍惜你在乎的缘分。

萍水相逢的缘分也需要珍惜。

试一下吧！

119

缘分妙不可言。"妙"在不知会在何处，以何种情形相遇；"妙"在不知会在何处，发生何种变化，产生何种影响。我想邂逅有魅力的人，并聆听他的话语。于我而言，能邂逅各种职业、年龄、处境的人，聆听他们的想法与人生阅历，是无上的乐事。

然而，如果一开始就只考虑自己的成功和利益，抱着机会主义和利己主义的心态让对方帮自己做事，希望对方帮助自己改变的话，即使你很积极地接近对方，很想与对方建立关系，也还是无法与对方深入结交的。

如果只是单纯地享受与人邂逅和交往，这种心态会为你带来不可思议的力量，会有人向你介绍说"有一个人很合适你哦"。而那个合适的人，会像变戏法一样出现在你的面前。

缘分并非由主观意愿决定，而是在构建良好人际关系的过程中自然而然地形成的。想要长久，必须用心维护。

这其实并不难。遇到合适的机会，联系一下对方就可以了。几分钟就能解决的事，却被许多人忽略了，不知不觉中朋友之间便疏远了。所以，想起来了，就立刻联系朋友。不要只和自己喜欢的人见面，足之所至，一切偶然的邂逅都将促使自己成长。

在这个过程中，也有人会伤害到自己。但正是因为有了这些伤痛，我们才会明白相同处境者的心情以及与他们的相处之道。邂逅的深层含义是由自己去发现。接受偶然的邂逅，"偶然"就会变成"必然"。也许下次，你和你所邂逅的人之间、和偶然坐在你邻座的人之间就会发生一些趣事。抱着这样的心态去生活，不也挺开心的吗？

我听说过这样一句话：过往人生中曾与你产生交集的人，少了任何一个，你都不可能再与下一个人相遇。人与人的缘分也许就像拼图，少一块便无法完成了。

要点 **怀着感恩的心迎接每一次邂逅。**

41

利用时代，而非被它裹挟

可是他们总不带上我。

唉……

我也想加入。

海外项目团队

最近派遣员工增加了，说不定哪天我就被裁掉了。

还是一边工作一边去语言学校充电吧！

英语

你英语很棒呢！

想不想去美国分公司工作？

哇！

几年后

所以，我明年就要被调走了哦！

那真是太好了！

要想在被公司抛弃时也能处变不惊，掌握必要的本领是非常重要的！

　　30 岁以后更加优秀的人，眼里看到的不只是公司内部，而是整个社会。在工作的同时，他们思考的是"能为这个社会做些什么"，所以非常热衷于学习。这样即使公司内部情况发生变化，自己要被抛弃了，也可以有思想准备，不会过度不安。从根本上来讲，这是因为他们具有"自己养活自己"的独立精神和能力。

　　有这样一位男性，他放弃了在美国做音乐家的梦想，回到了日本。他本想进入大型制药公司工作，可他在日本国内的最高学历仅为高中毕业，既无门路也无资历。于是，他先去派遣公司登记了资料，然后作为修理电脑的咨询人员进入了理想的公司。在工作中，经常有领导直接跟他说："我的电脑没反应了，请帮我弄一下。"或者"会英语的话，请把国际会议的主要内容汇总一下。"在这个过程中，他兢兢业业的工作态度得到了上司的认可，很快就升职了。10 年后，34 岁的他成了执行董事，现在更是拥有了自己的公司，为众多组织机构提供信息安全服务。

　　还有一位女性，她在电子零部件工厂的海外事业部工作。因与前辈关系不和而感到精神压力很大，想参加一个新项目却没被接受，因此她很不开心。就这样她郁郁不得志地度过了 8 年。再加上正式员工的工作逐渐被派遣员工取代，公司的全体员工都产生了危机感。但她却并不焦虑，原来为了有朝一日被公司裁掉时而不至于太被动，她每周去 3 次英文翻译学校充电。过了一阵子，公司里突然刮起了一股新风。有创新意识的人做了人事部部长，开始积极提拔女员工担任重要职位。她经历了海外研修，担任了管理职位，目前正在美国分公司发挥着积极作用。

"正式员工大可放心，你只要在公司一直待着就可以了。"这种想法并不可取。时代在变化，公司的状况也在变化。曾经的终身聘用制度已经瓦解，社会形势、法律与制度的变革、流行病的全球大暴发等，引起了所需人才和聘用形态的动态变化。

鉴于以上这些，最基本、最必要的思路就是，为了能在任何时代、任何地方都能生存下去，不要依赖公司，放眼整个社会，主动去寻找需要自己的位置。

要点 掌握被公司抛弃时也能安身立命的本领。

42 被动没有任何好处

　　如果只想不说，没人会理解你。哪怕对恋人、朋友、家人，不说出你的想法来也是不行的。工作更是如此，一味地沉默肯定得不到机会。想清楚"我想干什么""我能干什么"，主动地多方播撒种子才是正道。

　　或者在机会来临时，把手举得高高的。如果你非常想得到一样东西，就要主动地持续发出信号。如果只是安静地待在那里，谁也不会关注到你。有些人感到很委屈，觉得"公司不认可自己""能力不足所以不受重视""遭到了不公平待遇"等。把眼光放长远一点你就会发现，其实这非常公平。这是你对工作的热情在你身上的直接投射。"我来做吧！"持续不断地展示干劲的人，即使需要假以时日，最终也还是会得到应有的机会。觉得"差不多就行了"的人，得到的回报也只有一点点。

　　社会对你的态度就像一面镜子。你要想被重视，就要调整自己的行为和态度。你要想被了解，首先要打开自己的心扉，弄懂对方的需求是什么。

　　在公司里，想做什么就应该积极地说出来。30 岁以后，要想变得更加优秀，就必须主动创造工作。多向团队提供方案，拓宽工作局面，比如，"这个是有必要的""这里还有所欠缺""这里改一下比较好"等。

而 30 岁便止步不前的人，即使想到了也不会说出口。他们认为"一旦说了自己就要做，太辛苦了""不想增加不必要的工作"。他们不敢冒险、安于现状，所以工作毫无起色。如果只是完成上司布置的工作，那与新人又有什么两样呢？

工作首先是为了对方，顺便也成全了自己。千万不要忘记这个根本原则。

要点　试着对亲近的人说出你的想法。

43

车到山前必有路

唉，总是提不起精神。

什么时候才能真正地发奋努力呢？

当你站在悬崖边上时。

人啊，当从内心深处认为没有退路时，

完蛋了！

才会真正努力起来，发挥出自己的潜力。

负能量熊熊燃烧！

糟糕、后悔、回头看……这些消极情绪有很大的威力，

可以使人发生巨变。

丁零零零！

抱歉，今天要上交的数据还没有收集齐。

咣！

啊！

你的潜力很快就要进发出来了！

我有个朋友是位单亲妈妈。20多岁时，她的丈夫因躲债而消失，她过上了被追债的日子。离婚以后她也遭遇了被断电、断煤气、停水的事件。她每天从凌晨2点就开始送报纸，9点至下午4点半在牛肉盖浇饭店打工，晚上10点又去酒吧打工。在这样日复一日的生活中，她的身体慢慢地扛不住了。而且因为拖欠了半年房租，她和儿子最后还被逐出了公寓。之后的4年内，她一边在牛肉盖浇饭店打工，一边靠低保维持生活。

直到有一天，儿子因患流感发烧了，但她唯独那天不能休息。晚上很晚才回到家，当时儿子已经因脱水而浑身沾满了鼻血。这件事将她逼到了穷途末路。

她想找一份可以在家网上办公的工作，但却没有任何技能和工作经验。于是，她用朋友转让给她的一台电脑做起了研讨会讲师助手。在此期间，也有人问她想不想做网络代购。渐渐地，越来越多的工作找到她，她召集了附近的主妇参与进来并创立了公司。在厨房和客厅里放置了7台电脑当作办公室。

几年后，公司的年销售额便达到了数千万元，甚至建起了自己的公司大楼。她一边开发与销售商品，一边致力于参加社会活动，旨在打造让妈妈们可以安心工作的社会环境。

"我什么都想做，什么工作都能接受，不知不觉便有了今天的一切。被社会需要，又能赚钱的感觉真棒！"当你站在悬崖边上，没有退路、感觉"完蛋了"时，就能真正发奋努力，发挥出潜力了。如果你现在被逼得无路可走了，试着这样想想如何？

被逼得走投无路时，你就会涌现出跨过这道坎的勇气。人在遇到糟糕的情形时，会如弹簧般迸发出能量，绝对比顺境时想做某事时的那种轻描淡写的能量要强得多。"这样下去就完蛋了""好后悔""总想回头看"，这样的消极情绪会催生出巨大的变化。

迅速成长的人和有所成就的人，大多是在挣扎着摆脱最糟糕状态时认清了前进的唯一道路。没有退路时，你的潜力便会涌现出来。这时候，如果你没有逃避，继续前进，一定会"柳暗花明又一村"。

要点 被逼到悬崖边上时也是你做出巨大改变的时机。至少应该心怀希望。

44

短期目标比远大梦想更重要

自古以来，人们就常说要心怀梦想。

所谓梦想，总让人觉得虚无缥缈，很难实现！

那就是『目标』和『野心』！

所以，我们用两个词来代替『梦想』，

目标＝做了就能成功。
野心＝有能力才能成功。

所谓『目标』，是指做了就能成功；

而『野心』是指有能力才能成功。

一边将『野心』放在心中，

一边实现眼前的一个个小目标。

野心

目标

目标

目标

这样你才能有成就感和自信心，才能成长，梦想也就能实现了。

131

颇有意思的是，当我采访那些 30 岁以后更加优秀的人，问到他们今后的梦想时，他们总说"没什么梦想""笑着度过每一天就好"等，他们似乎并没有考虑得那么长远。不过他们集中精力达成短期目标的能力非常强。一旦决定了做什么，他们就能在非常短的时间内实现。即使没有长期目标，在经历了一个个短期的成功之后，他们的实力也会增强，也会取得一定的成绩。

而有些人只是嘴上说自己"这也想做，那也想做"，却迟迟不去实现。他们的共同特征是，目标笼统，大而多、变化快。还没有达成这个目标时，便转向了下一个目标。他们已经对达不成目标习以为常了。

我认为梦想是"不知能否实现，但只要去做就好"，是一种非常虚无缥缈的东西。所以，用了以下两个词语来代替它。

（1）做了就能成功→目标。

（2）有能力才能成功→野心（见书中第 20 小节中的说明）。

也就是说，眼下能看到实现的可能性的是目标，看不到的是野心。所谓"野心"，是指"与自身能力不相称的愿望"。偷偷地想象一下自己总有一天要实现的不知天高地厚的愿望，也是一件乐事。一边将野心藏在心中，一边脚踏实地地逐个实现眼前的目标，你就能获得成就感与自信心，自然而然地变得更加优秀。

在此，我介绍两个实现目标的要点。

（1）尽量将目标细化成短期内可实现的小目标。

太大太远的目标会使人没有干劲，无从下手。而随着一个个小的成功经验的积累，你会越来越有自信和充满热情。

（2）经常思考自己的目标。

我将想实现的目标画成了一幅画，命名为"美梦成真时"，贴在了自己的办公桌上。这样一来，实现目标的信念就深入了我的意识深处。如果真想实现某个目标，就立刻开始吧！哪怕只有一点点的行动也好。因为这会将你需要的信息和支持者都吸引到你的身边来。

要点　如果真想实现目标，就立刻开始行动。

45

顺势而为才能幸运

我不行了，精力和时间也不够了，肯定来不及了。

我教你魔法。

啊？

这是什么魔法？

呼！

直接说『谢谢』！

谢谢！

如果没有工作，

唉。

无精打采

没钱了，只能去借了吧。

你会比现在痛苦得多。

所以，说谢谢吧！

有工作可做已经很值得感恩了。

谢天谢地！

这样想，你就能一边为自己喊加油，一边勇敢地迈出下一步了。

前几天，和朋友去海边时，我因为中暑晕倒了。我想应该是身体在提醒我应该休息了，于是我就一个人躺在树荫下午休。3 个小时后我的身体便恢复如初了，而且在起身的一瞬间，我的脑海里居然冒出一些好的想法。

那时，我想起了一位朋友。好像是在冥冥之中有人提醒我给她打个电话，我立刻拨了出去。她一接到电话便叫了起来："我也正想打给你呢！电视上正在播你想看的电影，我正要录下来呢！"真是太奇妙的偶然了。

对于一些事情，我喜欢按照自己的理解做出有利于自己的解释。就像打游戏，若能恰到好处地抓住信息，我们经常会不可思议地发现"正好""原来如此"。这就是化偶然为必然，顺势而为。陷入窘境时的表现，可以试探出一个人的力量。

每当我快要陷入绝望，感觉到"不行，来不及了，怎么办"时，为了沉下心继续前进，我一定会默默地对自己说"谢谢"。不要一味地陷入"只剩一天了""不会写""没精力"等全面否定自己的消极情绪中。尽量为自己注入正能量，"还有一天，没事的""感恩还有工作可以做"，这样就可以稳定心态，对自己说声"加油"，往前迈出一步了。

"感谢"是对现实最高级别的肯定。如果不能正向思考，就试着使用正向措辞，这也是"优秀的人"与"止步不前的人"之间的分水岭。观察一下你就会发现，优秀的人经常使用"好幸运啊""正好""好棒"等洋溢着明朗希望的措辞；而止步不前的人则喜欢说别人坏话和发牢骚，他们经常挂在嘴上的话是"再糟糕不过了""最坏了""无聊""无所谓"等负面措辞。说什么话，就会遭遇什么样的现实。

在现实社会中，是制造正能量，还是制造负能量，取决于你说话的习惯。

要点 **不要吝惜说正向语言。**

46

能让自己成长的工作才值得跳槽

你想跳槽？很好啊！
大胆地去挑战吧！

在这个公司工作，我是没有未来的。

但是，

呃……

30多岁的人跳槽可没那么简单哦！

资格 经验 技能

你必须想清楚，什么样的工作才能发挥你的能力。

30岁以后跳槽，用人单位看中的是你的经验和技能。

现在应该提升自己，增强实力！

也可以一边提升自己，一边等待机会。这样也不错哦！

有时，就在现在的公司里，考一些资格证或自学一些技能。

资格证

我在二三十岁时曾频繁跳槽。

20 多岁时，我做过行政、讲师、接待等多种工作。30 岁以后，我做过摄影师、编辑、自由作家等，因为有一部分职业的工作内容是重叠的，所以最终促使我成为职业作家。

在多次的跳槽经历中，我一直坚持的原则是，选择可以让自己成长的工作。

30 岁以后跳槽，除了"可以成长"这个因素，需要考虑的还有新工作是否可以给你机会，发挥迄今为止你积累的技能。

虽然频繁跳槽，但我从来没有后悔过。所以，我经常鼓励想跳槽的人大胆去做。不过，以我自身经验来说，30 岁以后的跳槽可没那么简单。

因此，总结经验，我得出了以下 5 条跳槽心得。

（1）辞职之前，先想想是不是目前的公司已不能发挥自己的才干了。

社会体制和方针可能随着时代潮流的变迁而发生变化。我们可以通过一些方式让自己成长，比如通过自学或自考资格证书调职或担任综合性职务以及项目候选人等。一边提升自己，一边等待机会也不错。

（2）客观地审视自己的市场价值。

请客观地审视自己："身价多少，在哪儿能找到工作？""公司的需求是什么？自己能否为公司提供高性价比的技能？"

（3）选择标准依然是"能否发挥自身才能"与"能否成长"。

你可以让自己成长并积累在任何地方都赖以生存的技能，相当于为自己积累了远比薪水更可贵的财富。

（4）重要的是"是否认为自己可以在那里充满干劲地工作"。

即使万事俱备，职场中也会存在"有色眼镜"，发生不和谐的事。你只需要尽量观察同事或倾听他们谈话就可以了。

（5）离开时保持优雅姿态。

对在原公司中迄今为止发生的所有事情表示感谢，为了保证今后工作的顺利开展，你应该和继任者交接好工作之后再离开公司。

如果别人认为你的离去是一种损失，并且深感惋惜，那么，在下一个公司里你一定还可以成为这样的人。

要点 客观判断自己的身价，以及在哪儿能找到工作。

47

大器晚成的人生也不错

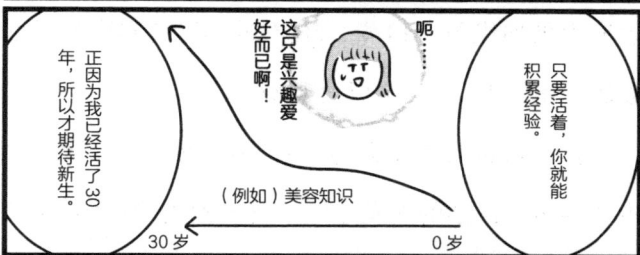

啊……已经过了30岁了……

我的人生就这样了吗？

哎呀，你就这么放弃了？

可是，我只是个普通职员，也没什么特殊才能。

啊？

这个理由也太牵强了吧？

只要活着，你就能积累经验。

呃……

这只是兴趣爱好而已啊！

正因为我已经活了30年，所以才期待新生。

（例如）美容知识

30岁 ──────────→ 0岁

而且，

就算你认为自己在工作方面不会再有什么起色，

这次是和美妆行业合作哦！

时间长了，也会突然发现自己的才能像花开一样终于绽放光芒。这样的情况并不少见。

才能

啪！

30 岁左右，我们的人生道路开始出现差异化，也是在这个时期，我们开始焦虑，觉得自己"跟不上社会的步伐""这条路走下去没问题吗""越往后走越不容易调整方向"等。其实，完全没必要这么想。未来还很长，走了弯路，或者暂时休息调整都没问题，你只需按照自己的节奏走自己的路就可以了。

现在已经不是"一直工作到退休，然后度过余生""一辈子只打一份工"的时代了。女性即使因为生育和育儿暂时离开职场，基本上也都可以再次回归社会。30 岁以后当然可以变得更加优秀，40 岁、50 岁也可以崭露头角，哪怕 60 岁以后，还想干点什么的人也越来越多。

我身边也有空中乘务员在 30 多岁时转行做了律师；原本从事运动医学的朋友考取了德国肉食专家的资格证并做了顾问，往返于国内外；40 多岁时经过修行，让近乎废墟的寺庙起死回生，并做了住持的家庭主妇；50 多岁考上研究生，后来做了副教授；原公司职员开始转行经营房地产公司……可谓五花八门。开店、创业的人层出不穷，正因为体验了不同的世界，积累了不同的技能，他们才找到了可以安身立命的工作。

如果可以对 20 多岁时从事自由职业的自己说一句话，我想说："你今后的人生十分有趣，不要焦虑，先全力以赴做好眼前的事吧！"

即使什么也没做，只要活着，我们就在不断地积累，让我们具备与年龄相称的想法及判断。人脉也是这样，时间越长，我们身边成为管理层、有影响力的人越多。如果你主动向他们提出"想做某件事，请帮我一下"，就会更容易解决问题。有时候只需一个电话，一眨眼工夫就能解决问题了。

即使是公司职员，也有可能遇上较大的转机。经常有人在公司开拓新的事业领域或改制的过程中被发掘出价值，有了用武之地，长期以来的积淀在那一瞬间如花般绚烂地绽放了。

20 多岁时经历不顺很正常。这时，如何往前走，决定了你在 30 多岁、40 多岁时拥有什么样的人生。

要点 要想让自己绽放，必须持续给自己注入营养（持续学习）。

48

人生不是独木桥

我一直

在这个岗位深耕。

但总觉得这个岗位不太适合自己，然而现在也无法回头了。

为什么？

路可不止一条哦！

可是，我一直做这个，所以只能做这个啊。

只是你自己认为只有一条路。

什么时候能脱离常轨，自由地选择其他道路呢？

如果你发现，原来路不止一条，

啊！

你瞧！

如果自己能做的事有许多，你是不是会开心很多？

人生中，"做好心理准备去接受"的态度尤为重要。不要过于强求，在现实环境中我们只要不放弃，做好该做的一切就可以了。日常工作和生活皆是如此。在这个过程中，我们的心智会变得更加成熟，工作也会做得更加出色。

果断接受，先竭尽自己所能去做。即使你感觉"嗯？好像不对""想试试别的路""这样下去就完蛋了"，即使没有一往无前的坦途大道，也没有关系。"自古华山一条道"的想法太死板了。

明明有多种活法，你却受限于一条路。这样的话，即使机会来了也发现不了，无法顺势而为，你只能困在原地痛苦挣扎。"只能这样""一定""必须怎么样""必须这么做"，这些顽固观念肆意生出的心灵桎梏将成为魔咒，束缚和支配你的行动。请尽快摆脱它吧！

桎梏心灵最糟糕的地方在于限制自己的能力，让你为自己找借口或对自己失去信心，片面、固执地判断自己是不可能成长的。反之，如果你认为"也许能行呢""应该还有其他方法"，就能拓宽自身的可能性。只要你摆脱了心灵的桎梏，能做的事就会变多，人生也就变得开心起来了。

人生并非一条大路走到底。你可能改变方向，也可能脱离原来的轨道。我们的一生不是计划好的旅行，也不是组团旅行，而是独一无二的原创旅行。不要受任何人影响，饶有兴味地享受自己的人生吧！这条路虽非一成不变，但当你回首时，会发现"如果不走这条路，我到不了今天这个位置"。

我们能走多远？能成长到什么程度？到达目的地之后，又能看到怎样的风景？正因为不知道路的尽头是什么，旅途才更加有趣。

要点 摆脱内心的桎梏，一切皆有可能。